AGRAR PRAXIS KOMPAKT

Miedaner

Roggenanbau

Eine erfolgreiche Alternative

W0332336

DLG VERLAG

Bibliografische Information der Deutschen Nationalbibliothek
Die Deutsche Nationalbibliothek verzeichnet diese Publikation in der Deutschen Nationalbibliografie; detaillierte bibliografische Daten sind im Internet über http://dnb.ddb.de abrufbar.
Titelbild: Landpixel

Die Vervielfältigung und Übertragung einzelner Textabschnitte, Zeichnungen und Bilder, auch für den Zweck der Unterrichtsgestaltung, gestattet das Urheberrecht nur, wenn sie mit dem Verlag vorher vereinbart wurden. Im Einzelfall muss über die Zahlung einer Gebühr für die Nutzung fremden geistigen Eigentums entschieden werden. Das gilt für die Vervielfältigung durch alle Verfahren, Scannen der Abbildungen, einschließlich Speicherung, Veränderung, Manipulation im Computer und jede Übertragung auf Papier, Transparente, Filme, Bänder, Platten und andere Medien.

Alle Informationen ohne jede Gewähr und Haftung.

© 2013 DLG-Verlag GmbH
Eschborner Landstraße 122
60489 Frankfurt am Main
Telefon: (069) 24788-0
Telefax: (069) 24788-484
E-Mail: dlg-verlag@dlg.org
Internet: www.dlg-verlag.de

Gedruckt auf chlorfrei gebleichtem Papier.

Roggenanbau

Eine erfolgreiche Alternative

Reihe: AgrarPraxis kompakt

ISBN (13): 978-3-7690-2018-2
Redaktion/Lektorat: Nina Eichberg, DLG-Verlag Frankfurt am Main
Herstellung: Daniela Schirach, DLG-Verlag Frankfurt am Main
Layout: Grafikbüro, DLG-Verlag Frankfurt am Main
Printed in Czech Republic

Inhalt

1. Grundlagen – was Sie über Roggen wissen müssen

1.1 Es gibt gute Gründe für den Roggenanbau

Roggen ist eine besondere Fruchtart und es gibt sehr gute Gründe für den Roggenanbau. Eine spezielle Auswertung der Landessortenversuche zeigt deutlich, wo seine Stärken liegen (Abb. 1). Dabei gilt es zwischen Populations- und Hybridroggen zu unterscheiden.

Auf Standorten mit geringerem Ertragspotenzial (30 bis 50 dt/ha), als Maß wird hier der Versuchsdurchschnitt von Winterweizen auf dem jeweiligen Standort eingesetzt, sind beide Roggenformen dem Weizen überlegen. Winterweizen ist auf diesen Böden nicht rentabel. Im mittleren bis hohen Ertragsbereich (70 bis 90 dt/ha) kann Populationsroggen nicht mehr mithalten, Hybridroggen bleibt aber überragend. Durch ihre höhere Leistungsfähigkeit können die besten Hybridsorten auf diesen Standorten mit Winterweizenerträgen konkurrieren und die Berechnung des Deckungsbeitrages (s. Kap. 3.5) zeigt, dass (Hybrid-)Roggenanbau gerade auf diesen Standorten hochrentabel ist. Auch Triticale ist hier unterlegen – und das nicht nur beim Kornertrag, sondern vor allem auch beim Deckungsbeitrag, da in den letzten Jahren die Fungizidkosten in dieser Fruchtart stark zugenommen haben. Erst im sehr hohen Ertragsbereich ab ca. 95 dt/ha Versuchsdurchschnitt („Schokoladenböden“) ist der Winterweizen ertraglich überlegen, Triticale ist bei einem Ertragsniveau von 120 dt/ha gerade gleichauf. Nach diesen Ergebnissen gehört Populationsroggen auf die leichten, sandigen, wenig fruchtbaren Böden, während Hybridroggen auf allen Böden

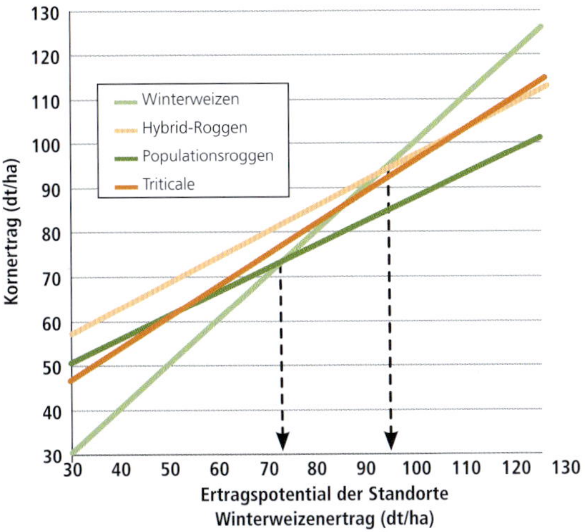

Abb. 1: *Ertragsvergleich von Populations- und Hybridroggen mit Triticale und Winterweizen auf unterschiedlich produktiven Standorten der Landessortenversuche; Pfeile zeigen gleiche Erträge zwischen Populationsroggen und Weizen bzw. Hybridroggen und Weizen (N = 219, 2000–2012, Zusammenstellung KWS LOCHOW und eigene Daten)*

außer den schweren Lössböden, wie beispielsweise der Hildesheimer oder Magdeburger Börde, mit Winterweizen ertraglich konkurrenzfähig ist. In den letzten Jahren waren nur die niedrigeren Erzeugerpreise ein Hinderungsgrund, Roggen anzubauen (Tab. 1).

Tab. 1: Entwicklung der Weizen- und Roggenpreise in Bayern (€/dt inkl. 10,7 % MwSt.). Gewogenes Mittel der Preise über das jeweilige Wirtschaftsjahr (LfL, Agrarökonomie 2012)

	Roggen		Weizen	
Erntejahr	**Brot**	**Futter**	**A-Weizen**	**Futter**
2012	21,11	19,89	22,20	20,00
2011	22,49	17,99	21,11	19,78
2010	19,57	15,70	23,22	18,64
2009	9,84	9,18	12,21	10,65
2008	13,01	13,20	15,12	13,22
2007	22,55	19,92	24,86	22,79
2006	14,42	11,41	14,60	12,70

Die Gründe, warum Roggen auf leichten, sandigen Böden dem Weizen weit überlegen ist, sind seit Langem bekannt. Er ist nicht nur eine robuste Fruchtart, sondern auch **besonders stresstolerant**. Er kann am besten von allen Getreidearten die vielfachen Stressbedingungen auf solchen Böden kompensieren. Da ist zunächst der Trockenstress, der besonders im Frühjahr (April, Mai) den Beständen zu schaffen macht. Damit verbunden ist in der Regel ein Stickstoffmangel, weil die Nährstoffe ohne Wasser kaum pflanzenverfügbar sind. Und dies erfolgt ausgerechnet in der produktivsten Phase der Bestände, wenn das Massenwachstum in vollem Gange ist. Roggen erträgt solche Bedingungen besser, weil er ein tiefes und vor allem weitverzweigtes Wurzelsystem besitzt und damit Wasserreserven aufschließen kann, an die die anderen Getreidearten nicht herankommen. Außerdem dient sein langer Halm als Wasser- und Nährstoffspeicher, in Zeiten des Mangels können diese relativ rasch mobilisiert werden und den Roggen eine

Zeit lang stabilisieren. Deshalb sind die Ertragsdepressionen durch Trockenheit bei Roggen deutlich geringer als bei Weizen. Diese Eigenschaften werden mit zunehmendem Klimawandel, der bei uns zu häufigerer Frühsommertrockenheit führt, noch wichtiger. Hinzu kommt auf Sandböden ein niedriger pH-Wert, der bis zur Aluminiumtoxizität führen kann, weil diese giftigen Ionen dann zunehmend in Lösung übergehen.

Standortvorteile des Roggens
- Robuste Fruchtart
- Besondere Vorzüglichkeit auf leichten, trockenen Böden
- Stresstolerant (Frost, Trockenheit, Nährstoffe, pH-Wert, Aluminium)

Auf allen Böden wirkt sich die hohe **Frosttoleranz** des Roggens positiv aus, der selbst Kahlfröste bis zu -25 °C ertragen kann. Bei Weizen ist durchschnittlich schon bei -15 °C die Grenze der Kältetoleranz erreicht. Dieser Unterscheid zeigte sich besonders deutlich in dem extrem kalten Spätwinter 2012, wo inraueren Landschaften der Weizen großflächig erfroren ist, während der Roggen nur geringe Pflanzenverluste zeigte. Auch Triticale hatte in manchen Regionen Probleme. Frosttoleranz ist heute noch ein wichtiges Zuchtziel für viele Anbaugebiete Osteuropas.
Diese Vorteile des Roggens machten ihn lange **zum bevorzugten Brotgetreide in kühlen Gegenden**. Entlang einer Linie östlich des Rheins und nördlich der Alpen war Roggen bis nach Sibirien hinein unverzichtbar für die menschliche Ernährung. Vom Mittelalter bis in das 20. Jahrhundert hinein war er auch in Deutschland die Hauptgetreideart, in Polen wurde sogar bis 1995 mehr Roggen als Weizen angebaut. Im 19. Jahr-

hundert konnte in Deutschland Weizen selbst als Sommerung nur in besonders bevorzugten Weinbauklimaten, etwa am Bodensee oder in der Oberrheinischen Tiefebene, angebaut werden. In allen anderen Gebieten hatte Roggen wegen seiner Frosttoleranz Vorrang. Bei Wintergerste dauerte diese Entwicklung bis in die 1960er-Jahre hinein. Etwa zu dieser Zeit überholte die Weizenanbaufläche die des Roggens, weil der Weizen überdurchschnittlich stark auf die pflanzenbauliche Intensivierung reagierte und die Züchtungsfortschritte wegen der Selbstbefruchtung größer waren.

Alle kleinkörnigen Getreidearten kommen zwar aus derselben **Ursprungsregion**, dem sogenannten „Fruchtbaren Halbmond", der sich vom heutigen Israel und Syrien über die Ebene von Euphrat und Tigris bis zum Persischen Golf erstreckt, aber nur Roggen wächst hier in Höhen bis zu 2.500 m. Als Gerste sowie Einkorn und Emmer, die Vorläufer des Brotweizens, hier vor ca. 10.000 Jahren erstmals angebaut und kultiviert wurden, wanderte der Roggen als Ungras in die Bestände ein. Er ist in der Jugendentwicklung nur schwer von den anderen Getreidearten zu unterscheiden und hatte in diesen einfachen Landwirtschaftssystemen deutliche Vorteile. So findet man ihn in der Türkei heute noch häufig als Ungras in Weizenbeständen.

Erst mit der Entwicklung der Landwirtschaft im Nahen Osten entstand der Kulturroggen (*Secale cereale* L.). Diese nicht planmäßig angebauten Formen werden heute als Primitivroggen (Abb. 2) bezeichnet und sind wertvolle Quellen für Resistenz- und Qualitätseigenschaften („Genetische Ressourcen").

Abb. 2: *Primitivroggen aus dem Iran (links) neben einer modernen Kultursorte (rechts) kurz nach der Blüte*

1.2 Für welche Flächen eignet sich der Roggenanbau?

Als nach dem Zweiten Weltkrieg die Landwirtschaft in Deutschland wieder florierte, konnten bei Winterroggen nur wesentlich geringere Zuchtfortschritte erzielt werden als bei Winterweizen. Dies hängt mit seiner Eigenschaft als Fremdbefruchter zusammen, die dazu führt, dass bei jeder Blüte eine neue Durchkreuzung stattfindet und die Eigenschaften der besten Pflanzen in ihren Nachkommen nicht stabil bleiben, sondern wieder neu aufspalten. Hinzu kommen einige pflanzenbauliche Nachteile, etwa Langstrohigkeit, Lageranfälligkeit und Auswuchsgefährdung. Das lange Stroh wurde nicht mehr in dem großen Umfang für die Viehhaltung gebraucht wie früher, es erschwerte den Mähdrusch, führte oft zu einer geringeren Standfestigkeit und beschränkte dadurch die Höhe der N-Düngung. Auch deshalb reagierte Weizen deutlich stärker auf Intensivierungsmaßnahmen. Auswuchs heißt, dass das Korn unter feuchten Bedingungen zur Ernte bereits auf dem Halm wieder zu keimen beginnt, was die Backfähigkeit beeinträchtigt und im Extremfall zerstört. Deshalb nahmen die **Roggenanbauflächen** stetig ab und in den 1970er-Jahren musste man sich sogar Sorgen um die Existenz des Roggens machen. Er wurde immer mehr auf schlechte und wenig fruchtbare Flächen abgedrängt, die schon im 19. Jahrhundert als „zum Roggenanbau verdammt" (A. Thaer) galten. Dies spiegelt sich auch heute noch in seiner Anbaubedeutung wider (Abb. 3).

Führend im Roggenanbau sind von der Fläche her Brandenburg und die angrenzenden Gebiete, also das südliche Mecklenburg-Vorpommern, das nördliche Sachsen-Anhalt bzw. Sachsen. Ein weiterer Anbauschwerpunkt sind die Teile Niedersachsens mit sandigen Böden, vor allem die Lüneburger Heide, und die Geestflächen Schleswig-Holsteins. Im Süden Deutschlands findet sich Roggenanbau im Saarland, in der Oberrheinischen Tiefebene und einzelnen Regionen im südlichen Hessen und Franken.

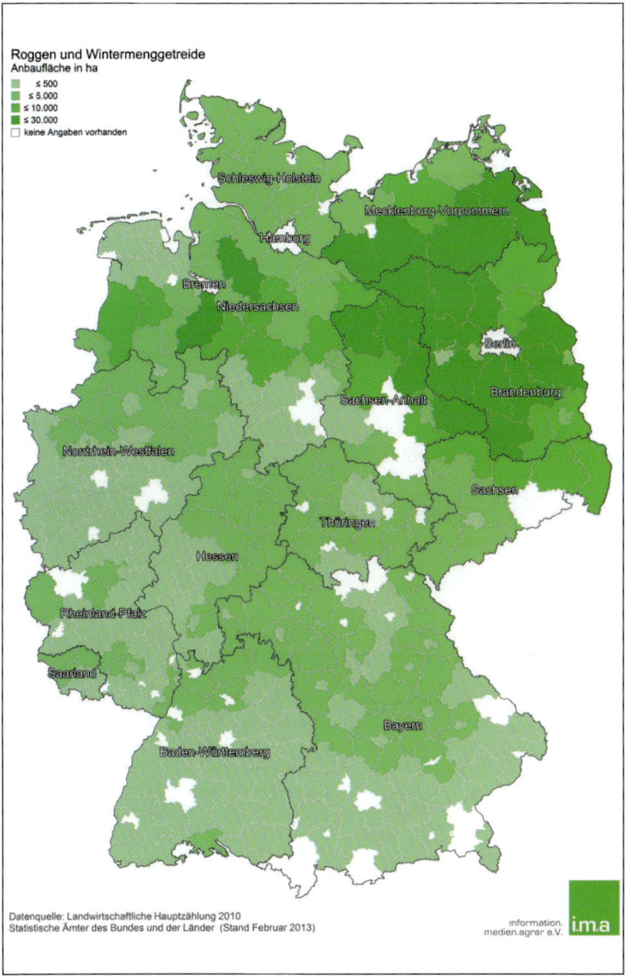

Abb. 3: *Anbaufläche von Roggen in den einzelnen Landkreisen 2010*

Die Hauptanbaugebiete liegen also auf sandigen, wenig fruchtbaren Böden. Deshalb liegt der **Bundesdurchschnitt der Roggenerträge** auch deutlich niedriger als bei Weizen, der in der Regel auf mittleren bis besten Böden steht (Abb. 4). Auch die Abweichungen der Einzeljahre von der Trendlinie sind bei Roggen höher. Hier schlägt der Trockenstress, wie etwa in den Jahren 2003, 2007, 2010 und 2011 in Nord- und Ostdeutschland, erheblich stärker zu Buche als bei Weizen, der auf den besten Böden angebaut wird, die eine wesentlich höhere Pufferkapazität besitzen. Frühsommertrockenheit führte auch dazu, dass 2003 der durchschnittliche Roggenertrag erstmals seit Langem wieder unter 50 dt/ha fiel, obwohl sich der Züchtungsfortschritt im selben Zeitraum keineswegs abgeflacht hatte (s. Kap. 2). Deutlich wird der immer größer werdende Abstand zwischen Roggen- und Weizenerträgen über den langen Zeitraum hinweg. Dieser Abstand ist im Wesentlichen darauf zurückzuführen, dass Weizen auf den guten Standorten steht und Roggen auf die schlechteren abgedrängt wird.

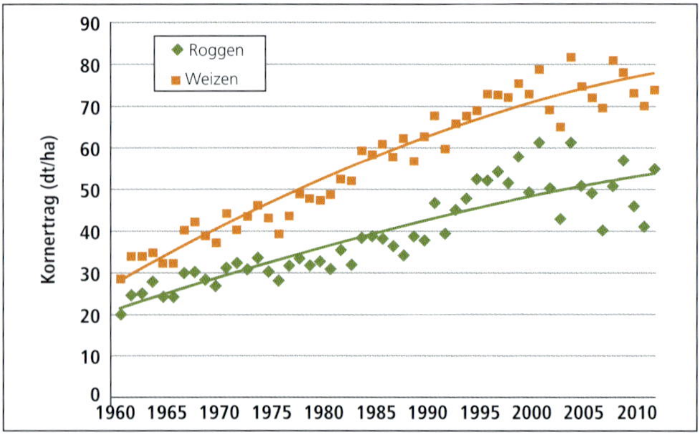

Abb. 4: *Langfristige Entwicklung des Kornertrages bei Roggen und Weizen in Deutschland (1960–2012, FAOSTAT bzw. DESTATIS)*

Auch in Österreich mit einer Gesamtanbaufläche von rund 48.500 ha (2011) liegen die Schwerpunkte des Roggenanbaus in Gebieten mit schwierigen Boden- und Klimaverhältnissen (Abb. 5). Rund 70 % des Roggens werden hier im Waldviertel erzeugt, vorherrschend sind meist leichte, sandige, oft flachgründige Böden auf Granit und Gneis, stellenweise auch Anmoore und Hochmoore. Die anderen Anbaugebiete liegen im Alpenvorland mit ebenfalls schwierigen Böden und im nördlichen und mittleren Burgenland im Übergangsgebiet zum trockenen, pannonischen Klima. Entsprechend niedrig sind die Durchschnittserträge mit 35,3 dt/ha (2010).

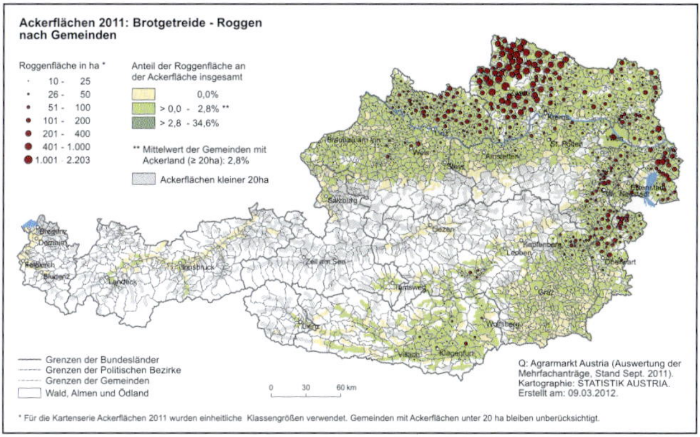

Abb. 5: *Anbau von Brotroggen in Österreich, aufgegliedert nach Gemeinden 2011*

Die höhere **Leistungsfähigkeit von Roggen** gegenüber Weizen und Triticale auf leichten, wenig fruchtbaren Böden prädestiniert ihn geradezu für den Anbau unter diesen schwierigen Bedingungen (Abb. 6). In einem vierjährigen Versuch wurden die drei Getreidearten in Edenbüttel bei Gifhorn (lehmiger

Sand) und in Groß Malchau (Sand) verglichen. Die Bodenpunkte lagen zwischen 20 und 35 und sind damit typisch für die nordostdeutschen Anbaugebiete. Auf dem etwas besseren Boden in Edenbüttel konnte der Roggen vor allem in den Trockenjahren 2003 und, mit einigen Abstrichen, 2006 punkten, in den beiden anderen Jahren war er Weizen und teilweise auch Triticale im Ertrag leicht unterlegen. Ganz anders sieht es auf dem extrem leichten Boden in Groß Malchau aus. Hier betrug der Ertragsvorsprung von Roggen in allen vier Jahren bis zu 30 dt/ha. Eine Berechnung des Deckungsbeitrages zeigte, dass auf dem besseren Boden Roggen nur dann überlegen war, wenn aufgrund seiner Krankheitsresistenz und Standfestigkeit Behandlungen eingespart werden konnten. Auf dem reinen Sandboden hingegen zeigte Roggen gegenüber Triticale und Weizen deutlich höhere Deckungsbeiträge, der Weizenanbau war hier in keinem Jahr wirtschaftlich.

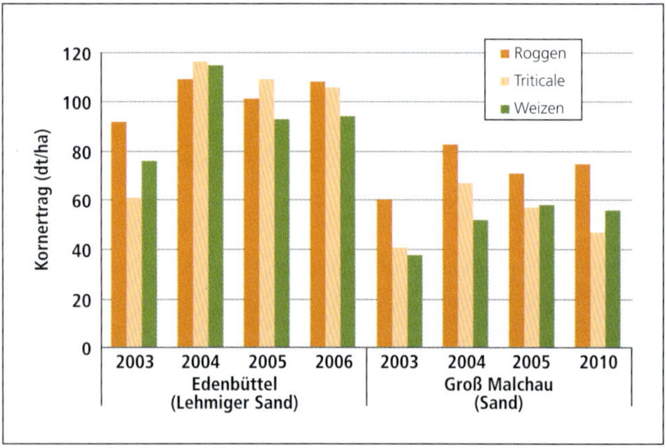

Abb. 6: *Vergleich der Kornerträge von Hybridroggen mit Weizen und Triticale auf leichten Böden in Niedersachsen über vier Jahre (Lehrke 2007)*

Durch intensive Züchtung und vor allem die Einführung der Hybridzüchtung sind heute die wichtigsten Nachteile des Roggens beseitigt. Er ist zwar immer noch wesentlich langstrohiger als moderner Weizen, braucht dies auch aus Gründen der Stresstoleranz, aber er ist heute deutlich standfester und weniger auswuchsgefährdet. Hybridroggen ist aufgrund seiner höheren Leistungsfähigkeit auch auf Böden bis zu einer Ertragsfähigkeit von ca. 95 dt/ha dem Weizen überlegen (s. Abb. 1).

Produktionsvorteile des Roggens
- Unproblematisch bezüglich Standortansprüchen
- Hohe Ertragsstabilität
- Weniger Pflanzenschutzmitteleinsatz im Vergleich zu Weizen
- Als Hybridroggen hoch leistungsfähig
- Vielseitig einsetzbar (Körner-, Grünroggen, Ganzpflanzensilage)

Neben Stresstoleranz und hoher Ertragsleistung der Hybridsorten hat Roggen für den Landwirt auch wichtige Produktionsvorteile. Er hat eine hohe Unkrautunterdrückung, weil er bereits im Herbst den Boden schließt. Im ökologischen Landbau genügt einmaliges Striegeln, um ohne Herbizide einen weitgehend unkrautfreien Bestand zu erreichen. Im konventionellen Anbau benötigt er einen deutlich geringeren Pflanzenschutzmitteleinsatz als Weizen. Ebenfalls für den ökologischen Landbau interessant ist, dass die Backqualität des Roggens auch ohne erhöhte Stickstoffdüngung erreicht wird, weil hier nicht, wie bei Weizen, die Klebereiweiße die Hauptrolle spielen, sondern komplexe Kohlenhydratverbindungen. Roggen ist vielseitig einsetzbar.

Auch international werden die Vorteile des Roggens geschätzt, vor allem in den traditionellen Roggenanbaugebieten Skandinavien, Deutschland, Polen, Weißrussland, Russland und der Ukraine. Hier erfolgen rund 80 % der gesamten weltweiten Produktion von Roggen (Tab. 2). Dass Roggen in anderen Ländern der Welt nicht angebaut wird, liegt an der dortigen Beliebtheit des Weizenbrotes. Wer überzeugter Weißbrotesser ist, kann dem dunklen, leicht säuerlich schmeckenden Roggenbrot einfach nichts abgewinnen, obwohl es wesentlich gesünder ist. Und auch unser Mischbrot ist dort gänzlich unbekannt.

Tab. 2: Die weltweit größten Anbauländer für Roggen mit den durchschnittlichen Kornerträgen (FAOSTAT 2013; Daten von 2011)

Land	Anbaufläche (ha)	Kornertrag (dt/ha)
Russland	1.524.100	19,5
Polen	1.085.470	24,0
Deutschland	614.000	41,1
Weißrussland	328.592	24,5
Ukraine	279.100	20,7
Skandinavien	114.530	40,7
Welt (gesamt)	5.113.145	25,3

1.3 Vielfältige Verwertungsrichtungen

Klassisch ist die Verwendung des Roggens als **Brotgetreide**, die in Deutschland heute noch rund ein Viertel der Roggenernte ausmacht (Abb. 7). Wichtig sind hier ein möglichst großes Korn und hohe Auswuchsfestigkeit. In Norddeutschland wird

Roggen meist als reines Roggenbrot („Graubrot"), in Süddeutschland vorwiegend als Mischbrot gebacken. Dieser Markt kann, wie auch bei Backweizen, als gesättigt gelten, Exporte sind bei Roggen kaum möglich.

Mögliche Verwertung

Körnernutzung:
- Brot
- Futter
- Bioethanol

Biomasse-Nutzung:
- Grünroggen
- Ganzpflanze
- Stroh

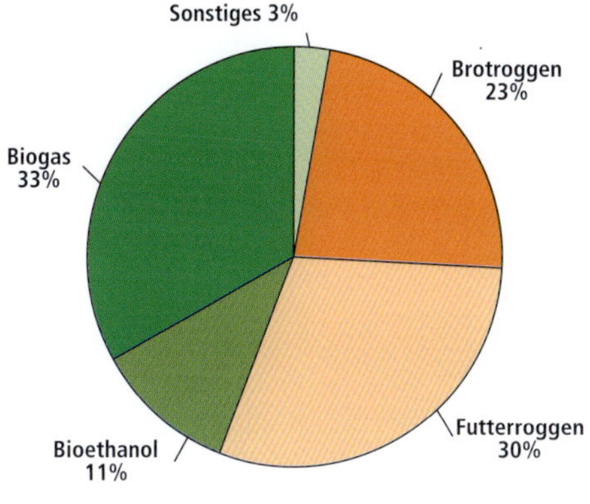

Abb. 7: *Verwertungsrichtungen von Roggen 2012 (EUROGRAIN GmbH)*

Ein etwas größeres Marktsegment beansprucht der **Futterroggen**, der für die betriebseigene Fütterung eine große Rolle spielt und auch für Futtermischungen verwendet werden kann. Die Ansprüche an das Korngut sind ähnlich wie für Brotroggen, allerdings spielt die Auswuchsfestigkeit hier eine geringere

Rolle. Eine spezielle Futtereignung gibt es bei Roggen bisher nicht. Für den Einsatz in der Futtermittelindustrie ist der Preis entscheidend.
Inzwischen geht fast die Hälfte des Roggens in die Verwertung als **Bioenergie**. Dabei macht der **Bioethanol**anteil 11 Prozent aus, der große Rest wird als Substrat für Biogas verwendet. In geringem Umfang werden gequetschte Körner eingesetzt, die eine besonders schnelle Verwertung im **Biogas**reaktor zeigen und eine sehr hohe Methanausbeute garantieren. Der größte Teil des Energie-Roggens wird jedoch als Biomasse geerntet und siliert. Der Einsatz von Roggen gilt als Nachwachsender Rohstoff (NAWARO) der Kategorie 1 der Neuauflage des Erneuerbaren-EnergieGesetzes (EEG) und ist damit eine Alternative zum Mais. Bei der Biomassenutzung unterscheidet man zwischen Grünroggen, der bereits im April/Mai geerntet wird, und der Nutzung als Ganzpflanze mit einer Ernte Ende Juni. Beides ist hervorragend für die Biogasanlage geeignet. Stroh dagegen kann derzeit nur der Verbrennung in speziell dafür eingerichteten Öfen zugeführt werden.

Die unterschiedlichen Verwertungsrichtungen haben teilweise unterschiedliche Ansprüche an das Erntegut, ermöglichen dem Landwirt aber auch eine maximale Flexibilität (Tab. 3), da viele Sorten für mehrere Zwecke eingesetzt werden können. Nur Grünroggen erfordert einen anderen Sortentyp. Er ist Bestandteil der erfolgreichsten Energie-Fruchtfolge auf produktiven Böden mit ausreichend Niederschlag und steht als Winterzwischenfrucht vor dem (Energie-)Mais. Als Arbeitsgänge sind beim Grünroggen nur Aussaat und Ernte zu erledigen sowie eine mäßige N-Düngung zum Zeitpunkt des Schossens. Nur bei sehr früher Saat und ausgeräumten Schlägen ist eine Herbstdüngung erforderlich, eine Herbizidbehandlung kann aufgrund des frühen Reihenschlusses ganz unterbleiben. Eine alternative Verwendung von Roggen als Biogassubstrat stellt die Ganzpflanzensilage (GPS, „Siloroggen") dar, der günstigste Schnittzeitpunkt ist Ende Juni, wenn Roggen seine maximale Trockenmasse erreicht hat und der Wassergehalt bei ca. 65 Prozent liegt. Hier empfehlen sich zwei Düngungstermine und der einmalige Einsatz eines Wachstumsregulators, da die Standfestigkeit durch die frühe Ernte nicht sehr stark gefordert wird.

Tab. 3: Die fünf Verwertungsrichtungen von Roggen und ihre Ansprüche an den Landwirt bzw. das Betriebsmanagement; die Spannweite bei den Erträgen bezieht sich auf unterschiedliche Bodengüte, bzw. Sortentypen

Zuchtziel	Grün	Biogas	Backen	Fütterung	Ethanol
Ernte	April/ Mai	Juni	Juli	Juli	Juli
Ziel	Masse	Masse	Korn	Korn	Korn
Einsatz	Energie	Energie	Mensch	Tier	Energie
Trockenmasse (dt/ha)	40–60	120–180	–	–	–
Kornertrag (dt/ha)	–	–	40–110	40–110	40–110
Betriebsmitteleinsatz	Minimal	Gering	Mäßig-hoch	Mäßig-hoch	Mäßig-hoch
Arbeitsgänge[1]	3	4–5	6–9	6–9	6–9

[1] Inklusive Aussaat und Ernte

Die Einsatzbereiche von Roggen als **Korngut** sind sich im Anspruch sehr ähnlich und erfordern, je nach Ertragserwartung, auch einen ähnlichen Betriebsmitteleinsatz. Hier sind in der Regel drei N-Düngungstermine sowie vier Pflanzenschutzbehandlungen (Herbizid, Fungizid-Fuß + 1. Wachstumsreglergabe, 2. Wachstumsreglergabe, Fungizid-Blatt) einzuplanen; bei standfesten und/oder resistenten Sorten können ein bis zwei Anwendungen eingespart werden, auf fruchtbareren Böden oder bei Spätsaat kann auch die N-Düngung im Herbst entfallen. Bei der Verwendung als Futtergetreide fördert eine etwas höhere Spätdüngung den Proteingehalt. Es gibt inzwischen Sorten, die sowohl für die Ganzpflanzensilage als auch für die Korngewinnung zugelassen sind, sodass die Entscheidung für die Nutzung erst im Juni fallen muss. Bei der Kornernte kann der Landwirt im Juli/August frei entscheiden, ob er seinen Roggen bei der Mühle, der Spritfabrik, beim Landhändler abliefert oder selbst verfüttert. Der Preis wird hier meistens den Ausschlag geben. Leider werden missratene Partien (Auswuchs, Kümmerkorn, Mutterkorn, Fusarium-Körner) in der Regel im eigenen Betrieb verfüttert, was auch zu dem schlechten Image des Roggens als Futtergetreide beigetragen hat. Eine bessere Verwertungalternative ist ihr Einsatz als Biogassubstrat.

Als **Fazit** ist festzuhalten, dass Roggen nicht nur die robusteste und stresstoleranteste Getreideart ist, sondern als Hybridsorte auch auf mittleren bis guten Böden ertraglich mit Weizen mithalten kann. Sein immer noch weitverbreitetes Image als „Lückenbüßer" bedarf deshalb dringend einer Korrektur. Es gibt kaum ein Getreide, das in der Kultur so flexibel und in seinen Einsatzbereichen so vielfältig ist wie Roggen. Und selbst eine Roggenproduktion mit maximaler Ertragserwartung ist deutlich weniger aufwendig als ein intensiver Weizenanbau.

2. Vielfalt der Sorten – gezielt nutzen

Ziel der Züchtung ist es, den Roggen immer besser an die Bedürfnisse der Landwirte und Verbraucher anzupassen. Aufgrund der sich ändernden Umwelt- und Produktionsbedingungen bzw. Verwendungszwecke ist eine ständige Weiterentwicklung nötig. Unter Umwelt versteht man in der Züchtung alle Einflüsse, die nicht genetisch bedingt sind, also neben Klima und Wetter auch Faktoren wie Nährstoffversorgung, Unkrautbewuchs, Pilzinfektionen und Insektenbefall.
Die klassische Züchtung erzeugt durch Kreuzung eine enorme genetische Variation, die in mehreren Jahren in spaltenden Nachkommenschaften auf die gewünschten Merkmale ausgelesen (selektiert) wird. Hinzu kommen seit einigen Jahren der Einsatz von DNS-Markern zur Charakterisierung von Roggenmaterial und zur Selektion von erwünschten Eigenschaften. Gentechnologie ist bei Roggen derzeit weltweit nicht praxisreif, es gibt keine gentechnisch veränderten Sorten.

2.1 Zuchtziele

Die aktuellen Zuchtziele sind definiert durch die Merkmale, die das Bundessortenamt für die Wertprüfung erfasst (s. Kasten). Besonders wichtig sind neben dem Ertrag die Standfestigkeit, Resistenz gegen Braunrost und eine verminderte Anfälligkeit gegen Mutterkorn (s. Kap. 3.3). Die Kurzstrohigkeit ist im Gegensatz zu Weizen, bei dem die Praxis zu sehr kurzen Sorten neigt, von untergeordneter Bedeutung, da der Roggen für seine Ertragsleistung und vor allem seine Ertragssicherheit eine gewisse Pflanzenlänge braucht. Hinzu kommt eine Toleranz gegen Umweltstress, die sich vor allem auf Trockenheit, niedrigen pH-Wert und Nährstoffmangel bezieht. Diese bewirkt, dass Roggen gerade auf leichten Böden konkurrenzfähiger ist als Weizen und Triticale. Die Züchter selektieren darauf durch Anbau ihrer Leistungsprüfungen an Standorten, die solche Stressfaktoren regelmäßig erwarten lassen. Für Anbaugebiete in Osteuropa kommt Frosttoleranz hinzu, vor allem für die dort häufigen Kahlfröste, und fallweise Resistenz gegen Schneeschimmel.

Roggen gilt als eine sehr gesunde Fruchtart, wird jedoch trotzdem von einigen **Krankheiten** befallen. Klassische Roggenkrankheiten sind Schneeschimmel und Mutterkorn. Für diese Krankheiten sowie Ährenfusariosen gibt es derzeit keine wirksamen Fungizide, bei Schneeschimmel kann nur saatgutbürtiger Befall durch Beizung bekämpft werden. Ebenso ist Schwarzrost nur schwer mit Fungiziden bekämpfbar. In diesen Fällen bietet eine erfolgreiche Pflanzenzüchtung eine gute Alternative. Erfolgreich ist der Fungizideinsatz dagegen bei Braunrost und Blattfleckenkrankheiten, etwa *Rhynchosporium*-Blattflecken. Inzwischen gibt es aber auch Roggensorten mit guter Braunrostresistenz.

Aktuelle Zuchtziele Brotroggen

- Kornertrag
- Reifezeit
- Kurzstrohigkeit
- Winterfestigkeit
- Standfestigkeit
- Krankheitsresistenzen
- Tausendkornmasse (TKM)
- Auswuchsfestigkeit
- Rohproteingehalt
- Teig-Eigenschaften

Das Bundessortenamt unterscheidet derzeit **drei Verwertungsrichtungen**, für die getrennte Zulassungsverfahren

Tab. 4: Verschiedene Verwertungsrichtungen des Roggens führen zu differenzierten Ertrags- und Qualitätsmerkmalen

Zuchtziel	Körnerroggen			Siloroggen	Grünroggen
	Backen	Fütterung	Ethanol		
Frohwüchsigkeit	O	O	O	O	++
Kornertrag	++	++	++	+/-	O
Trockenmasseertrag	O	O	O	++	++
TKM/Hektolitergewicht	++	++	++	+/-	O
Auswuchsfestigkeit (Fallzahl)	++	+	+/-	O	O
α-Amylase-Aktivität	--	+/-	++	O	O
Viskosität/ Pentosangehalt	++	--	--	O	O
Rohproteingehalt	+/-	++	--	+/-	O
Stärkegehalt	+	++	++	+/-	O
Stärkeertrag	+/-	+	++	+/-	O
++ sehr positiver, +/- neutraler, -- extrem negativer Einfluss, O unwichtig					

erforderlich sind: Körnerroggen, Siloroggen sowie Roggen als Winterzwischenfrucht (= Grünroggen, Tab. 4). Der Körnerroggen untergliedert sich nach seiner Verwendung in Back-, Futter- und Ethanolroggen, der Siloroggen dient alleine als Substrat für die Biogasgewinnung, ebenso der Grünroggen als Winterzwischenfrucht und Vorfrucht zu Mais, Sonnenblumen oder Sorghum.

Bei Körnerroggen steht natürlich der Kornertrag im Vordergrund. Wenn er zum **Backen** verwendet werden soll, wird zu-

sätzlich eine hohe Tausendkornmasse (TKM) verlangt und es darf kein Auswuchs (= vorzeitiges Keimen der Körner auf der Ähre) vorliegen. Hohes TKM erhöht die Mehlausbeute, sofern es sich nicht um Vollkornmehl handelt, und ist im Wesentlichen ein Sortenmerkmal. Roggen neigt aufgrund seiner geringen Samenruhe (Dormanz) dazu, bei feuchtem Wetter bereits vor der Ernte wieder auszukeimen. Dann leidet die Backfähigkeit bzw. wird ganz zerstört (s. Kap. 4). Der Rohproteingehalt spielt, im Gegensatz zu Weizen, bei der Backfähigkeit von Roggen keine große Rolle, er sollte 11 Prozent nicht überschreiten. Hier übernehmen vor allem die Pentosane die Aufgabe, einen großen Brotkörper zu produzieren und die Krume zu stabilisieren.
Roggen wird zunehmend als **Futtergetreide** verwendet, sowohl als betriebseigenes Futter als auch von Mischfutterherstellern. Dazu sollten, im Gegensatz zum Backroggen, Viskosität und Pentosangehalt möglichst niedrig und der Proteingehalt möglichst hoch sein. Pentosane sind spezielle Kohlenhydrate, die beim Backen die Funktion des Weizenklebers übernehmen, in der Fütterung aber zu Problemen führen. Es gibt für diese Merkmale nur eine geringe genetische Variation. Deren Optimierung im Hinblick auf den Futterwert würde jedoch ein unabhängiges Zuchtprogramm erfordern, da Backroggen genau die umgekehrten Vorzeichen bei diesen Eigenschaften benötigt. Für diese Inhaltsstoffe existiert ein indirektes Messverfahren.
Für die Verwertungsrichtung von Roggen als **Ethanolgetreide** sind neue Zuchtziele gefragt. Bei der Ethanolproduktion steht an erster Stelle der Kornertrag, um die Produktionskosten möglichst niedrig zu halten. Deshalb sind auch hohe Standfestigkeit und eine gewisse Krankheitsresistenz gefragt. Weiterhin entscheidend sind ein hoher Stärkegehalt in Kombination mit niedrigen Protein- und Pentosangehalten. Da die Koppelprodukte der Bioethanolproduktion als Futter verwendet werden,

ist ein möglichst geringer Mutterkorn- und Fusariumgehalt der Partien notwendig. Die von Letzteren gebildeten Giftstoffe (Mykotoxine) werden durch den Produktionsprozess um das Zwei- bis Dreifache konzentriert.

Bei der Verwendung von Roggen als **Biogassubstrat** spielt die Gesamttrockenmassebildung zum Erntetermin die Hauptrolle. Es gibt prinzipiell zwei Möglichkeiten: Der Anbau von Grünroggen als Winterzwischenfrucht in einer speziellen Energiefruchtfolge mit einem Schnitt Ende April/Anfang Mai, sodass anschließend noch eine Sommerung gesät werden kann, oder der Schnitt zur Milch-/Teigreife. Beim Grünroggen spielt der frühe Wachstumsbeginn nach Winter die größte Rolle, weil bei dem festgelegten frühen Erntetermin jeder frühere Tag mehr Massenertrag bedeutet. Hier kann die Einkreuzung genetischer Ressourcen einen deutlichen Effekt bringen. Beim Schnitt zur Milch-/Teigreife dagegen hat bereits die Kornbildung eingesetzt und ertragsstarke Hybridsorten sind zu diesem Zeitpunkt oft in der Trockenmassebildung überlegen. Zusätzlich ist Standfestigkeit erforderlich, Krankheiten spielen wegen des frühen Erntetermins kaum eine Rolle. Weder ein Befall mit Mutterkorn noch mit *Fusarium*-Pilzen stört die Vergärung, die Pilze und ihre jeweiligen Giftstoffe werden sogar im Fermenter vollständig abgebaut, sodass das übrig bleibende Restsubstrat bedenkenlos als Dünger verwendet werden kann. Auch stark befallener Roggen kann noch als Biogassubstrat dienen. Untersuchungen über den Beitrag von Inhaltsstoffen und die genetische Variation der Biogaseignung von Roggensorten zeigten, dass hierfür keine speziellen Qualitätsmerkmale erforderlich sind, solange der Ligningehalt nicht einen Wert von 2 bis 3 Prozent überschreitet. Der Erntetermin sollte nicht zu lange hinausgezögert werden, der Stängel darf auf keinen Fall verholzen, sondern muss noch grün sein.

2.2 Sortentypen für die Praxis

Roggen ist als einziges kleinkörniges Getreide ein obligater **Fremdbefruchter**, d. h., die Narbe benötigt nicht verwandten Pollen zur Bestäubung. Zudem blühen die männlichen Staubbeutel (Antheren) einige Tage vor den weiblichen Narben auf (Vormännlichkeit). Als Fremdbefruchter produziert Roggen eine große Menge von Pollen, der durch den Wind weiträumig verbreitet wird. Bei freiem Abblühen kommt es zu einer zufallsgemäßen Bestäubung des Bestandes, es entstehen dadurch hochgradig heterogene und heterozygote, offenbestäubte Populationen. Jede Blüte führt zu einer erneuten Durchmischung und Neukombination der Erbanlagen. Die Fremdbefruchtung erschwert die Züchtung, da es in einer stark variierenden, genetisch heterogenen Population schwierig ist, überlegene Kandidaten zu finden. Sie können auch nicht getrennt weiter vermehrt werden, da sie wieder fremden Pollen zur Befruchtung brauchen. Der Fortschritt ist bei der Züchtung von Populationssorten deshalb geringer als bei anderen Sortentypen. Es kann durch Selektion immer nur der Mittelwert der Population verbessert werden, nie jedoch der eine, beste Genotyp selektiert und identisch vermehrt werden wie etwa bei den Selbstbefruchtern oder einer Hybridsorte.

Bei Roggen gibt es heute Populations- und Hybridsorten. Zu den **Populationssorten** zählen offenbestäubte Sorten und synthetische Sorten. Beide sind in ihrem Aussehen variabel, ihre Leistungsfähigkeit hängt stark vom Grad ihrer Heterozygotie (Mischerbigkeit) ab. Da sich bei Zufallsbestäubung jedoch rasch ein genetisches Gleichgewicht einstellt, bleibt die Sortenleistung über die Jahre konstant. Eine erfolgreiche Züchtung setzt in jedem Fall voraus, dass durch Isolation der Pollenflug kontrolliert wird. Beide Formen der Populationssorten bestehen

Sortentypen bei Roggen

Offenbestäubte Sorte
... besteht aus vielen Genotypen, die auf selektierte Familien zurückgehen und durch isolierte, offene Abblüte vermehrt werden. Die Sorte befindet sich im genetischen Gleichgewicht und ist leistungskonstant.

Synthetische Sorte
... wird aus selektierten, genetisch reproduzierbaren Einheiten (Erbkomponenten) durch kontrollierte Kreuzung oder freies Abblühen der Komponentenmischung aufgebaut. Die weitere Vermehrung erfolgt ohne Bestäubungslenkung. Spätestens ab der zweiten Vermehrungsgeneration (Syn-2) befindet sich die Sorte im genetischen Gleichgewicht und ist leistungskonstant.

Hybridsorte
... entsteht durch die gezielte Kreuzung weniger Inzuchtlinien, die intensiv auf ihre Eigenleistung und Kombinationsfähigkeit selektiert wurden. Da das Hybridsaatgut ein Kreuzungsprodukt darstellt, muss es jedes Jahr neu erzeugt werden.

BSL 2012

in Deutschland heute meist aus genetisch unterschiedlichen Formenkreisen. Die Erbkomponenten werden getrennt entwickelt, auf Eigenleistung selektiert und mehrere überlegene Kandidaten aus jedem Formenkreis zum Sortenaufbau verwendet.

Die **Entwicklung von Hybridsorten**, die in den 1970er-Jahren an der Universität Hohenheim begann, ermöglicht das Auffinden des jeweils besten Genotyps und die gezielte Nutzung der **Heterosis**. Dies ist die Mehrleistung von F1-Hybriden gegenüber dem Mittel ihrer durch Inzucht entwickelten Eltern (Abb. 8). Die Kreuzung muss für den kommerziellen Anbau jedes Jahr neu erstellt werden. Sowohl die Züchtung als auch die Saatguterstellung von Hybridsorten ist deutlich aufwendiger als bei Populationssorten. Die Züchtung von Hybridsorten besteht aus drei Schritten: (1) Entwicklung von Inzuchtlinien, (2) Prüfung auf Kombinationsfähigkeit, (3) Zusammenstellung der besten Experimentalhybride.

Abb. 8: *Heterosis bei Roggen, links und rechts jeweils eine Elternlinie aus dem Saat- bzw. Pollenelterformenkreis, in der Mitte die F1-Hybride*

Zur Entwicklung von Inzuchtlinien wird in das Ausgangsmaterial Selbstfertilität eingelagert und eine Entwicklung der Saat- bzw. Pollenelterlinien durch mehrfache Selbstbefruchtung (Selbstung) eingeleitet (Abb. 9).

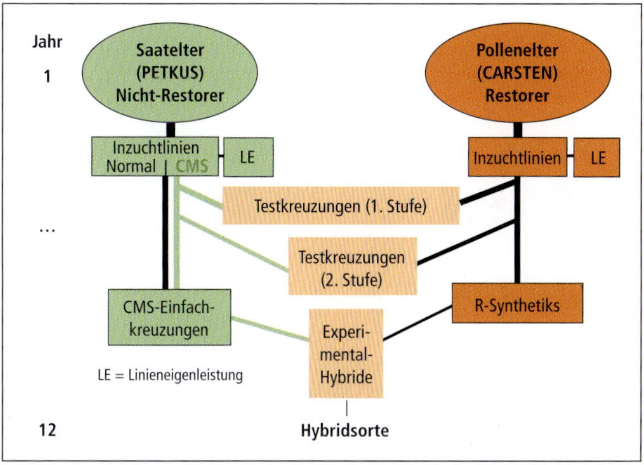

Abb. 9: *Allgemeines Zuchtschema einer Hybridsorte*

Tausende von Einzelpflanzen werden jährlich unter Isoliertüten geselbstet (Abb. 10) und über mehrere Jahre auf ihre Linien-Eigenleistung geprüft. Dabei stehen zunächst Eigenschaften wie Vitalität, Wuchshöhe, Standfestigkeit, Krankheitsresistenzen, Tausendkornmasse und Auswuchsfestigkeit (Fallzahl) im Vordergrund.

Zur Herstellung gezielter Kreuzungen ist ein spezieller Mechanismus nötig, da Roggen, wie auch Weizen und Gerste, ein Zwitter ist, sich also männliche und weibliche Anlagen in derselben Blüte befinden. Bei Roggen hat sich in der Züchtungs-

Abb. 10: *Herstellung von Selbstungen unter Papiertüten bei der Entwicklung von Inzuchtlinien*

praxis die **cytoplasmatisch-männliche Sterilität (CMS)** durchgesetzt, bei der keine Pollen gebildet werden.

CMS ist ein natürlicher Mechanismus, der bei sehr vielen Pflanzenarten vorkommt. Bei Roggen wurde er erstmals in argentinischem Waldstaudenroggen entdeckt, das sogenannte Pampa-Cytoplasma wird heute weltweit eingesetzt. Die Saatelterlinien müssen durch Kreuzung und fortgesetzte Rückkreuzung in das Pampa-Cytoplasma eingelagert und daraufhin überprüft werden, ob sie männlich steril sind. Dies ist nur dann der Fall, wenn sie im Zellkern Nichtrestorergene („maintainer") enthalten. Damit die Hybridsorte nach erfolgter Kreuzung wieder Pollen bildet, müssen die Pollenelterlinien Restorergene besitzen.

Nach der mehrjährigen Selektion der Inzuchtlinien beider Elternformen auf hohe Eigenleistung werden sie in zwei Stufen auf ihre **Kombinationsfähigkeit** zu dem jeweils anderen Formenkreis geprüft. Auch hier wird der CMS-Mechanismus benötigt, um Testkreuzungen zwischen den besten Kandidaten durchführen zu können. Die Testkreuzungen (1. Stufe) werden im folgenden Jahr an vier bis fünf Orten im Bundesgebiet angebaut und vor allem auf Kornertrag, Wuchshöhe, Standfestigkeit, Tausendkornmasse und Fallzahl untersucht. Die gesamte zweijährige Prozedur der Erstellung und Prüfung der Testkreuzungen wird mit den selektierten Kandidaten noch einmal mit einer größeren Zahl von Orten wiederholt (2. Stufe). Die besten Saat- und Pollenelterkomponenten werden nochmals als Experimentalhybriden geprüft. Erst wenn nach weiterer zweijähriger Wertprüfung eine Zulassung durch das Bundessortenamt erfolgt, kann die neue Hybridsorte in den Verkauf kommen.

2.3 Hybridsaatgut für den Landwirt

Hybridsaatgut ist Kreuzungssaatgut. Die Vorteile der Hybridsorten können nur realisiert werden, wenn die entsprechenden Kreuzungen jedes Jahr wieder neu erstellt werden. Dies muss bei erfolgreichen Hybridsorten in großem Maßstab geschehen (Abb. 11). Jede Hybridsorte entsteht derzeit aus drei Erbkomponenten: (A · B) x C. Bei A und B handelt es sich um Linien des Saatelter-Formenkreises (Petkus), bei C um eine Erbkomponente des Pollenelter-Formenkreises (Carsten). Linie A liegt sowohl in männlich-steriler Form (CMS-A) als auch in männlich-fertiler Form (A) vor, zur Vermehrung müssen beide gekreuzt werden. Dies geschieht im Streifenanbau mit je drei Drillspuren CMS-A und einer Drillspur A. Eine Kreuzung beider Formen führt zur Vermehrung der Linie, die Linie CMS-A wird geerntet und für die nächste Stufe weiterverwendet. Gleichzeitig werden die

Linie B und die Erbkomponente C auf isolierten Flächen vermehrt. Zur Basissaatgut-Erstellung erfolgt die Kreuzung von CMS-A mit B und zur Z-Saatguterstellung schließlich die Kreuzung von CMS-AB mit dem Pollenelter C.
Das entstehende Z-Saatgut zeigt beim Anbau des Landwirtes dann volle Heterosis und Wüchsigkeit. Die einzelnen Erbkomponenten müssen jeweils in isolierter Lage getrennt vermehrt werden. Oberste Priorität ist es, zu verhindern, dass fremder Roggenpollen einstäubt. Dies ist gar nicht so einfach, da Roggenpollen sehr leicht ist und mit dem Wind über mehrere Kilometer verbreitet werden kann.

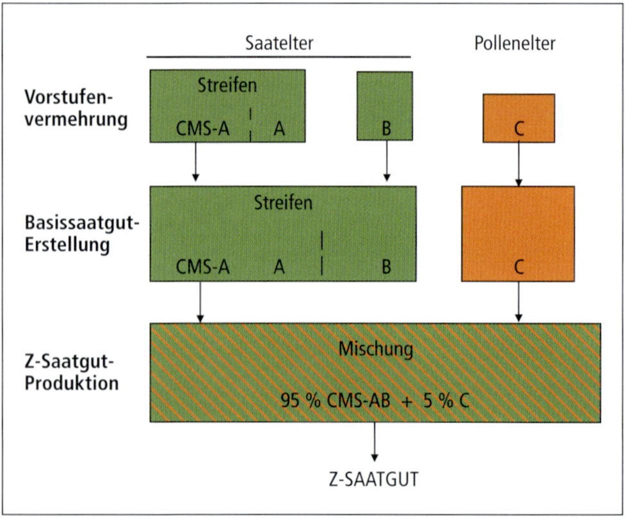

Abb. 11: *Schema der Hybridsaatgutproduktion (CMS = cytoplasmatisch-männliche Sterilität, A, B, C = einzelne Erbkomponenten*

Die vom Bundessortenamt vorgeschriebene Mindestentfernung von 1.000 Metern reicht deshalb bei der Vorstufen- und Basissaatguterstellung nur aus, um ein lokales Pollenübergewicht herzustellen. Aus Gründen der Sicherheit werden diese frühen Vermehrungsstufen in der Regel im Ausland durchgeführt (Frankreich, Norditalien, Ungarn), wo es keinen kommerziellen Roggenanbau gibt.
Der Landwirt sollte Hybridroggen aus rechtlichen und biologischen Gründen nicht nachbauen. Rechtlich ist der Nachbau von Hybridsorten in der EU verboten (GemSortV § 14 (1)). Aber Bestände, die aus Nachbausaatgut erwachsen, erbringen auch nur etwa 80 Prozent der Leistung, die aus zertifiziertem Hybridsaatgut zu erwarten sind. Der Ertragsabstand zu den Populationssorten verringert sich entsprechend. Ein Neukauf von Z-Saatgut ist bei Hybridsorten deshalb wirtschaftlich immer lohnend.

2.4 Sorten und Zuchtfortschritt

Durch intensive Züchtungstätigkeit stehen der landwirtschaftlichen Praxis heute moderne, hoch leistungsfähige Roggensorten sowohl im Hybrid- als auch im Populationssegment zur Verfügung (Abb. 12).
Beim Vergleich der beiden Sortentypen fällt auf, dass Hybridsorten einen mit Abstand höheren Ertrag ermöglichen und meist deutlich kürzer sind, einige Sorten sind auch standfester. Es gibt heute Hybridsorten, die eine gleich hohe Braunrost-Resistenz und eine bessere Tausendkornmasse als die Populationssorten besitzen. Bei der Fallzahl gibt es keine wesentlichen Unterschiede, im Proteingehalt sind die Hybriden gleich oder leicht unterlegen. Bei allen Merkmalen zeigen die

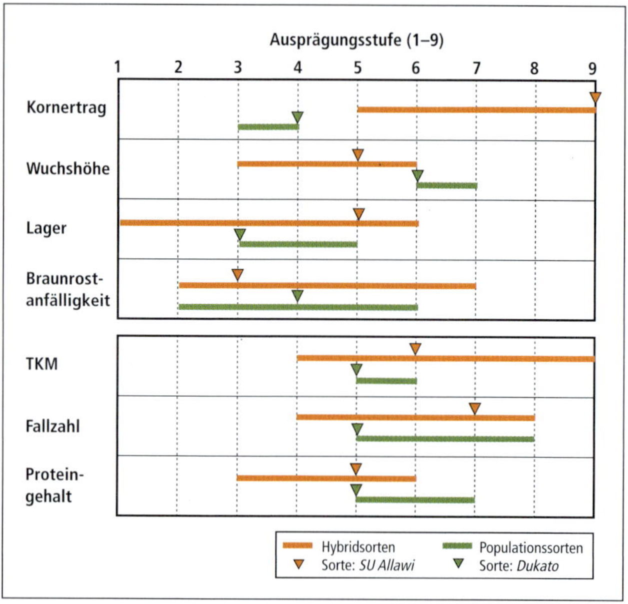

Abb. 12: *Variationsbreite der für die Körnernutzung in Deutschland zugelassenen Hybrid- bzw. Populationssorten für wichtige agronomische Eigenschaften und Qualitätsmerkmale auf der 1–9-Skala (1 = geringe Ausprägung, 9 = maximale Ausprägung) und die Merkmalskombination von zwei Beispielssorten (Datenquelle: BSL 2012)*

Hybridsorten eine deutlich größere Variationsbreite. Eine der derzeit besten Hybridsorten vereinigt mittlere Wuchshöhe und maximalen Ertrag mit einer sehr guten Braunrost-Resistenz und hoher Fallzahl bei leicht überdurchschnittlicher Tausendkornmasse. Die am weitesten verbreitete Populationssorte zeigt eine ähnlich gute Kombination dieser Merkmale, ist aber um eine Ausprägungsstufe (APS) länger und hat einen um fünf

APS geringeren Ertrag, die Fallzahl ist um zwei APS schlechter, der Rohproteingehalt ist gleich. Die Standfestigkeit ist bei dieser Populationssorte um zwei APS besser, aber es gibt andere Hybridsorten mit besserer Standfestigkeit.
Die Überlegenheit der Hybridsorten im Kornertrag ist durch zahlreiche Versuche im Bundesgebiet dokumentiert, Abbildung 13 zeigt stellvertretend Daten des Bundessortenamtes.

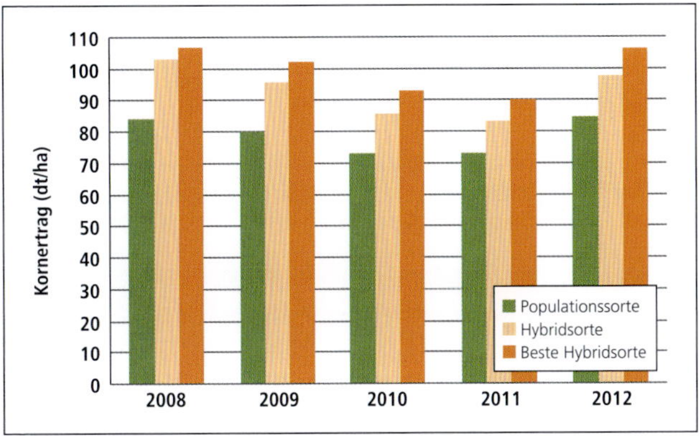

Abb. 13: *Kornerträge einer zugelassenen Populationssorte (Conduct) bzw. Hybridsorte (Visello) im Vergleich zur jeweils besten neuen Hybridsorte des jeweiligen Jahrgangs (Datenquelle: Wertprüfung des BSA, 11–21 Standorte/Jahr)*

Dabei hatte die ältere Hybridsorte Visello (Zulassung 2006) je Jahr einen um 14 bis 22 Prozent höheren Kornertrag als die Populationssorte Conduct. Die beste Hybridsorte eines jeden Jahrgangs hatte sogar einen Mehrertrag gegenüber Conduct von 23 bis 27 Prozent. Berücksichtigt man, dass die Mehrkosten für Hybridsaatgut derzeit dem Preis von weniger als 3 dt/ha Mehrertrag entsprechen, dann lohnt sich der Hybridroggenanbau auf fast allen Standorten. Weiteres zur Wirtschaftlichkeit des Roggenanbaus und insbesondere der Hybridsorten findet sich in Kapitel 3.5.

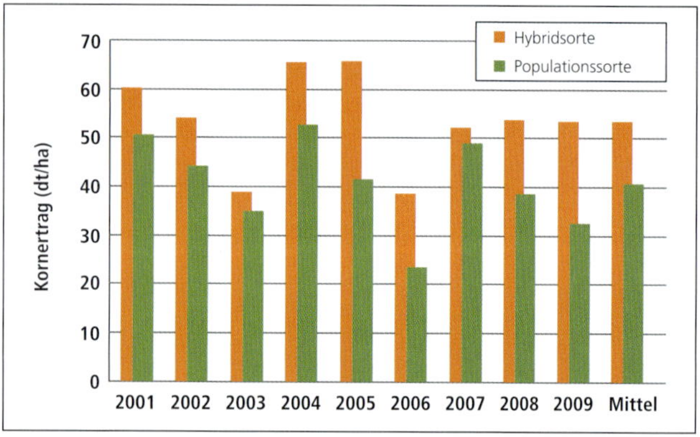

Abb. 14: *Neunjähriger Vergleich von Hybrid- und Populationssorten im österreichischen Waldviertel (Daten: AK Waidhofen/Thaya, Gnauer 2011)*

Auch in Österreich zeigen Hybridsorten selbst unter den schwierigen ackerbaulichen Bedingungen des Waldviertels deutliche Mehrerträge gegenüber Populationssorten (Abb. 14). Im Mittel ergab sich ein Ertragsunterschied von 31 Prozent. Dies zeigt im Vergleich zu den Werten aus Abbildung 13, dass die Heterosis gerade unter suboptimalen Bedingungen besonders hoch ist. Selbst im bisher extremsten Trockenjahr 2003 zeigten im Waldviertel die Hybriden immer noch 4 dt/ha Mehrertrag. Im Jahr 2005 waren es dann sogar 24 dt/ha. Bei ähnlichen Untersuchungen im nahe gelegenen Zwettl lag der Unterschied im sehr feuchten und schwierigen Jahr 2010 bei rund 9 dt/ha zugunsten der Hybridsorten.

Die Hybridzüchtung ermöglicht auch einen hohen Zuchtfortschritt (Abb. 15). Die Leistung der fünf gezeigten Hybridsorten, die gemeinsam in einem mehrortigen Versuch geprüft wurden, hat sich von denjenigen Hybriden mit einer Zulassung im Jahr 2006 bis zu denjenigen mit Zulassung im Jahr 2012 um, je nach Bodenart, 5 bis 13 dt/ha gesteigert. Das ist ein Mehrertrag von 0,7 bis 1,9 dt je ha und Jahr.

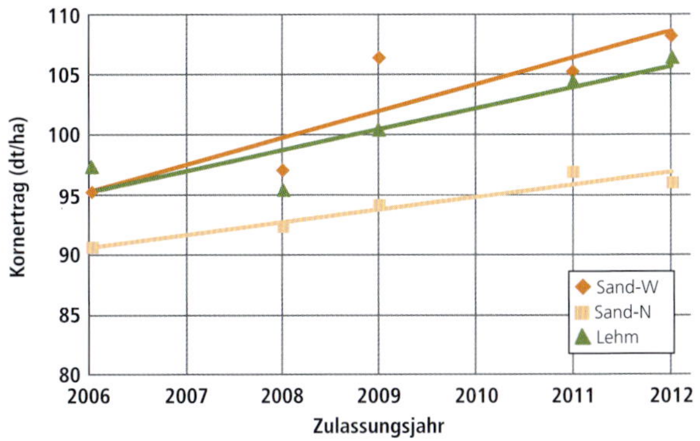

Abb. 15: *Durchschnittlicher Ertrag von fünf Hybridsorten, die in einem der genannten Jahre zugelassen wurden, gemeinsam geprüft auf drei Bodenarten mit je drei bis sechs Standorten; die Steigung der Geraden zeigt den Zuchtfortschritt (Datenquelle: LSV Niedersachsen 2012)*

Die Hybridzüchtung trug auch zu einer erheblichen Erweiterung des Sortenspektrums bei. Während 1980 vor der Einführung der Hybridsorten in Westdeutschland neun und in der DDR drei Winterroggensorten zugelassen waren, sind es 2012 35 Sorten, davon 23 Hybridsorten. Aufgrund der hohen Kornertragsleistung, aber auch der günstigen Kombination anderer

Eigenschaften sind Hybridsorten bei Landwirten beliebt. Bundesweit werden sie auf etwa 60 Prozent der Roggenanbaufläche angebaut. Regional ist ihre Bedeutung unterschiedlich. Die höchsten Anteile finden sich mit über 80 Prozent in Schleswig-Holstein, Nordrhein-Westfalen, Niedersachsen und Thüringen. In Bundesländern mit einem hohen Anteil leichter Böden und solchen ohne traditionellen Roggenanbau ist die Verbreitung der Hybridsorten geringer.
Inzwischen gibt es für alle Nutzungsrichtungen eine ausreichende Anzahl an Sorten, die wichtigsten und neuesten sind in Tabelle 5 dargestellt. Drei Hybridsorten sind mit dem höchsten Kornertrag von Ausprägungsstufe (APS) 9 eingestuft, sie sind durchweg mittel bis kurz in der Pflanzenlänge und besitzen eine gute Standfestigkeit und Braunrostresistenz. Die synthetischen Sorten haben nahezu keine Anbaubedeutung. Für die Silonutzung gibt es sowohl Sorten, die auch zur Körnernutzung zugelassen sind, sowie Spezialsorten nur für diesen Zweck. Die höchste Einstufung im Trockenmasse-Ertrag beträgt hier APS 7. Auch bei diesem Nutzungsziel muss auf Braunrost und Standfestigkeit geachtet werden. Beim Winterzwischenfruchtanbau (= Grünroggen) ist besonders die Frohwüchsigkeit (= Massenbildung im Frühjahr) entscheidend, hier liegen die besten Trockenmasse-Erträge bei APS 6.

Tab. 5: In Deutschland und Österreich (A) zugelassene Winterroggensorten mit Anbaubedeutung (> 100 ha Vermehrungsfläche, D) bzw. Zulassung ab 2011 und ihre wesentlichen Eigenschaften (P = Populationssorte, S = synthetische Sorte, H = Hybridsorte; BSL 2012); TM = Trockenmasse (1 = kurz, standfest, resistent, geringer Ertrag, geringe Qualitätsausprägung)

Körnernutzung									
Sorten-bezeichnung		Pflanzen-länge	Lager	Braunrost	Kornertrag	TKM	Fallzahl	Rohprotein	Zulassung
Amilo[A]	P	6	3	4	3	5	8	6	1992
Brasetto[A]	H	4	4	4	9	5	7	4	2009
Conduct[A]	P	7	5	2	3	6	6	6	2006
Dank. Diament[A]	P	6	4	3	3	5	7	7	2007
Dukato[A]	P	6	3	4	4	5	5	5	2008
Guttino[A]	H	3	4	4	8	5	8	3	2009
Helltop	H	6	2	3	7	7	6	6	2009
Kapitän[A]	S	5	5	6	5	4	5	5	2008
Minello	H	4	4	6	7	4	6	4	2008
Palazzo[A]	H	5	3	4	8	6	7	3	2009
Recrut	P	6	5	5	3	5	6	5	2002
SU Allawi	H	5	5	3	9	6	7	5	2011
SU Drive	H	4	5	3	8	5	6	5	2012
SU Mephisto	H	5	4	4	8	4	6	4	2011
SU Santini	H	4	4	3	9	5	7	4	2012
Visello[A]	H	4	5	7	7	5	7	4	2006

Silonutzung									
Sorten-bezeichnung		**Pflanzen-länge**	**Lager**	**Braunrost**	**TM-Ertrag**	**Best.dichte**			**Zulassung**
Conduct	P	7	5	2	4	5			2006
Generator	P	9	8	5	6	5			2012
KWS Progas	H	6	5	4	7	6			2012
SU Drive	H	4	5	3	7	7			2012
SU Phoenix	H	5	4	3	6	6			2012
Visello	H	4	4	6	5	7			2006
Winterzwischenfruchtanbau									
Sorten-bezeichnung		**Pflanzen-länge**	**Lager**	**Froh-wüchsigk.**	**TM-Ertrag**				**Zulassung**
Bernb. Futterroggen	P	5	5	5	4				2011
Borfuro	P	4	4	4	5				1996
Protector[A]	P	5	5	6	6				1994
Speedogreen	P	5	5	7	5				2011
Turbogreen	P	5	6	7	5				2010
Vitallo	P	4	3	5	5				2004

In Österreich gibt es derzeit eine Zulassung nur für Körner- und Grünschnittnutzung (AGES 2012). Zusätzlich zu den in Tabelle 5 indizierten Sorten sind in Österreich noch weitere Sorten zugelassen (Tab. 6). Dabei handelt es sich um eigene österreichische Sorten (EHO-Kurz, Elect, Elego), die im Waldviertel gezüchtet wurden, Sorten aus dem osteuropäischen Raum (Kier/Polen,

Beskyd/Tschechische Republik) sowie um alte Landsorten (Lungauer Tauern 2, Oberkärntner, Schlägler, Chrysanth Hanserroggen), die oft noch auf das 19. Jahrhundert zurückgehen, mit zum Teil speziellen Eigenschaften und regionaler Bedeutung.

Tab. 6: Nur in Österreich zugelassene Winterroggensorten (P = Populationssorte, H = Hybridsorte; AGES 2012); TM = Trockenmasse; die Rangfolge der Bonituren wurde an die deutsche Sortenliste angepasst, um einen Vergleich zu ermöglichen

Körnernutzung									
Sortenbezeichnung		**Pflanzenlänge**	**Lager**	**Braunrost**	**Kornertrag**	**TKM**	**Fallzahl**	**Rohprotein**	**Zulassung**
EHO-Kurz	P	6	6	8	3	6	4	4	1965
Elect	P	6	6	7	3	6	4	4	1992
Elego	P	6	6	6	4	5	5	3	2009
Kier	P	5	4	5	4	4	5	4	2001
Lungauer T. 2[a]	P	7	9	6	1	3	4	8	(2011)[a]
Oberkärntner	P	7	9	8	2	4	5	6	1949
Schlägler	P	9	8	8	1	3	4	5	1948
Winterzwischenfruchtanbau									
Sortenbezeichnung		**Pflanzenlänge**	**Lager**	**Frohwüchsigk.**	**TM-Ertrag**				**Zulassung**
Beskyd	P	8	7		4				1997
Chrysanth H.	P	7	9		-				1995

[a] Auslese aus einer Landsorte des Lungaus (Lungauer Tauern 2; neu zugelassen)

Bei „Lungauer Tauern 2“ handelt es sich um eine Erhaltungssorte aus dem Alpenraum (Lungau), die eine hervorragende Schneefestigkeit und Resistenz gegen Schwarzrost hat und sehr frühreif ist. Schlägler stammt aus einer Selektion des Stiftes Schlägl und ist nach wie vor unerreicht in der Winterhärte. Er ist ebenso wie Oberkärtner sehr widerstandsfähig unter einer lang anhaltenden Schneedecke. Im Kornertrag bleiben sie im Mittel zehn bis 20 Prozent (Oberkärntner) bzw. 20 bis 30 Prozent (Schlägler) unter neueren Populationssorten. Gemeinsam ist allen Landsorten, dass sie sehr langstrohig und wenig standfest sind sowie zum Auswuchs neigen. Dies gilt auch für den Chrysanth Hanserroggen, der zur Grünnutzung zugelassen ist und in seiner Trockenmasseleistung anderen Sorten deutlich unterlegen ist. Dafür hat er auf Standorten mit langer Schneebedeckung sicherere Grünfutterleistungen als vergleichbare Sorten und eine besondere Eignung als Deckfrucht für Schipistenbegrünungen. Der Anbau dieser Landsorten und noch einiger anderer (Jaufenthaler, Johannisroggen, Kaltenberger, Tschermaks veredelter Marchfelder) wird in Österreich im Rahmen des Programms „Seltene Landwirtschaftliche Kulturpflanzen“ (SLK) finanziell vom Staat gefördert, um diese Sorten auf landwirtschaftlichen Betrieben zu erhalten.

Fazit: Es gibt heute eine breite Sortenpalette von Roggen für alle Einsatzbereiche. Nur auf extrem leichten, flachgründigen und marginalen Standorten mit geringstem Ertragsniveau haben Populationsroggen Vorteile. Auf allen anderen Standorten bringen Hybridsorten, gerade unter Stressbedingungen, deutlich höhere Erträge. Es gibt sehr ertragreiche, standfeste, braunrostresistente Sorten mit überragender Auswuchsfestigkeit und großer TKM. Für Grünroggen als Winterzwischenfrucht und für Ganzpflanzensilage für die Nutzung als Biogassubstrat wurden in den letzten Jahren speziell angepasste Sorten entwickelt.

3. Anbau – erfolgreich und ökonomisch

3.1 Pflanzenbauliche Aspekte

Generell kann Roggen mit ähnlichen Anbausystemen wie das übrige Getreide gefahren werden. Im Folgenden werden deshalb nur die wesentlichen Besonderheiten des Roggens hervorgehoben.

Roggen stellt von Hause aus **geringe Ansprüche an Standort und Klima** und gehört zu den unempfindlichsten und robustesten Getreidearten. Er hat den geringsten Anspruch an die Keimtemperatur des Kornes (1 bis 2 °C), und bereits bei 1 bis 3 °C beginnt beim Roggen das Wachstum. Damit ist Roggen in der Lage, sein Wachstum auch in milden Phasen des Winters fortzusetzen bzw. sich schnell nach Winterende zu regenerieren. Von besonderer Bedeutung ist seine Frostresistenz, die von keiner anderen Getreideart übertroffen wird: Er übersteht sogar Kahlfröste bis -25 °C. Die Temperatursumme für das Wachstum ist mit 1.700 bis 2.100 °C geringer als bei Weizen und Triticale. Der Roggen ist deshalb auch für die kühlen Klimate Nord- und Osteuropas geeignet.

Roggen kann auf **allen Bodenarten** erfolgreich angebaut werden. Da seine Ansprüche an die Kalkversorgung gering sind und er eine sehr hohe Wasser- und Nährstoffeffizienz besitzt, ist er besonders auf leichten und sandigen Böden die überlegene Kultur. Die Anspruchslosigkeit des Roggens, insbesondere der geringe Wasserbedarf in der Hauptvegetationszeit, lässt auf diesen Böden keine Alternativen zu. Auf praktisch allen Böden lohnt der Anbau von Hybridroggen mit seinen deutlich höheren Ertragserwartungen (s. Kap. 2). Die Gründe für die ge-

ringen Bodenansprüche liegen u. a. in der hohen Leistungsfähigkeit des Wurzelsystems, in der frühen phänologischen Pflanzenentwicklung sowie in der langen Kornfüllungsphase. Das Wurzelwerk ist stark verzweigt, besitzt eine große Oberfläche und geht bei trockenen Bedingungen sehr tief. Weil Roggen schon vor Winter stark bestockt, kann er die Winterfeuchtigkeit optimal nutzen und Trockenphasen besser überstehen. Der Halm dient in viel größerem Umfang als bei den anderen Getreidearten als Reservespeicher für Wasser und Nährstoffe, er kann deshalb züchterisch nicht beliebig verkürzt werden, ohne Einbußen in Ertragshöhe und vor allem Ertragsstabilität hinnehmen zu müssen. Wachstumsregler haben in erster Linie den Sinn, die Standfestigkeit zu verbessern.
Auch in Bezug auf die **Fruchtfolge** ist Roggen die anspruchloseste Getreideart. Da er auch die konkurrenzfähigste Getreideart auf leichten Böden ist, gibt es dort nur wenig Fruchtfolgealternativen. Roggen steht in Marktfruchtgebieten meist als abtragende Frucht oder nach sich selbst, weil er sehr gut selbstverträglich ist. In Viehbetrieben und auf besseren Böden steht Roggen häufig nach Silomais. Auf besseren Böden hat sich eine Fruchtfolge, wie z. B. Triticale – Roggen – Roggen – Raps bewährt. Natürlich reagiert Roggen auch auf bessere Vorfrüchte, wie etwa Zwischenfrüchte, Kartoffeln oder Körnerleguminosen, mit deutlichen Mehrerträgen, allerdings muss dann auf die Standfestigkeit geachtet werden.
Besonderheiten des Roggens bei der **Aussaat** gegenüber dem Weizen sind die geringe Saattiefe und die frühe Saatzeit. „Roggen will den Himmel sehen“, hieß es in alten Pflanzenbaubüchern. Der Grund dafür ist, dass sich Roggen sehr flach, also aus den obersten Knoten der Bestockungszone, entwickelt. Eine gleichmäßig flache Saat verhindert, dass die Pflanze einen Halmheber bilden muss, und ermöglicht einen zügigen Auflauf

und eine kräftige Pflanzenentwicklung. Allerdings soll gerade beim Einsatz von Bodenherbiziden jedes Korn zuverlässig mit Erde bedeckt sein. Dies erfordert eine sorgfältige Saatbettbereitung mit einer flachen Krümelschicht. Anzustreben ist eine Tiefenablage von 1 bis 3 cm; Saattiefen von 1 bis 2 cm sind nur schwer einzuhalten, ohne dass eine größere Anzahl von Körnern unbedeckt bleibt.

Roggen sollte zwischen dem 20. September und dem 10. Oktober gesät werden. Spätsaaten werden nicht empfohlen. Frühere Aussaaten sollten insbesondere in Trockenlagen und bei rauen Klimabedingungen durchgeführt werden. Mit dem Trend zur frühen Bestellung geht das Risiko von überwachsenen Beständen einher: Bestände mit acht und mehr kräftigen Trieben je Pflanze vor dem Winter bilden zwar ein weitverzweigtes Wurzelsystem aus, sind aber im Frühjahr schwer zu führen, Lagergefahr und Krankheitsdruck steigen. Außerdem besteht bei zu früher Aussaat die Gefahr der Besiedlung mit der Fritfliege *(Oscinella frit)*. Andererseits soll Roggen gut bestockt in den Winter gehen. Dann kann er durch die Ausbildung von Kronenwurzeln die Winterfeuchtigkeit besser nutzen und besitzt eine noch höhere Konkurrenzkraft gegen Unkräuter. In Gebieten mit langer Schneebedeckung sollte sich der Roggen etwas weniger stark im Herbst entwickeln, um die Gefahr der Schneeschimmelinfektion zu verringern. Je üppiger die Bestände unter Schnee sind, umso größer ist der Schaden durch diesen Pilz.

Bei Hybridroggen sind bei sehr frühen Saatterminen (bis 20. September) und besonders guten Bedingungen (gute Wasserversorgung, gutes Saatbett, einheitliche Tiefenablage) niedrige Saatstärken ab 150 bis 180 keimfähigen Körnern/m^2 möglich und inzwischen praxisüblich. Dadurch lassen sich Saatgutkosten einsparen und der gegenüber dem Populationsroggen höhere Saatgutpreis wird teilweise kompensiert. Auch bei schlechteren Bedingungen sollten nicht deutlich mehr als 200 Körner/m² gesät werden, um mit Hybridroggen den ökonomischen Höchstertrag zu erzielen. Populationsroggen wird üblicherweise bei normaler Saatzeit und guten Bedingungen mit 250 bis 300 Körner/m² ausgesät, bei Spätsaaten sind 300 bis 350 Körner/m² anzustreben. Dünne Bestände sind besser zu führen als dicke und überwachsene. Ziel sollte es immer sein, gleichmäßige Roggenbestände zu etablieren, da nur diese wenig Nachschosser bilden und somit eine gleichmäßige Blüte, gepaart mit einer hohen Befruchtungsrate, gewährleisten. Die Gefahr eines Befalls mit Mutterkorn kann so vermindert werden.

Das Ziel einer **angepassten Düngung** im Roggenanbau ist eine ausgeglichene Ernährung im Hinblick auf ein zügiges Wachstum, eine an Standort und Sortentyp angepasste Ertragserwartung und eine gute Qualität unter gleichzeitiger Schonung der Umwelt. Dabei ist vor allem wichtig, frühes Lager zu vermeiden. Roggen hat aufgrund des gut ausgebildeten Wurzelsystems zwar das beste Nährstoffaneignungsvermögen aller Getreidearten, da er aber oft auf Standorten angebaut wird, die schwach mit Nährstoffen versorgt sind, oder als abtragende Frucht in der Fruchtfolge, muss natürlich eine gezielte Düngung erfolgen.

Stickstoff (N) fördert das vegetative Wachstum und beeinflusst gleichzeitig die Ausbildung der Qualitätsmerkmale (TKM, Kornzahl/Ähre). Roggen reagiert auf ein zu hohes N-Angebot schnell mit Lager. Es kann zu Auswuchs führen, außerdem verzögert sich die Abtrocknung der Bestände zur Erntereife. Bei einer normalen N-Nachlieferung des Bodens kann bei einer Ertragserwartung von 50 dt/ha bei Populationsroggen von einer zusätzlichen N-Düngung von 90 bis 110 kg N/ha ausgegangen werden. Hybridroggenbestände mit einer Ertragserwartung von 90 dt/ha und mehr benötigen je nach Bodennachlieferung 120 bis 150 kg N/ha. Die erforderliche N-Menge für die gesamte Vegetationsperiode wird, wie bei Getreide üblich, in zwei bis drei Teilgaben gedüngt (Tab. 7).

Tab. 7: Allgemeine Richtlinien für die N-Zufuhr bei Roggen; die unteren Mengen gelten für Populations-, die oberen für Hybridroggen

Termin	N-Zufuhr
Herbstgabe	Normalerweise nicht notwendig, nach Getreide oder Mais maximal 20–30 kg/ha
Vegetationsbeginn	Auf typischen, leichten Roggenstandorten bzw. auswaschungsgefährdeten Flächen 90 kg N/ha minus N_{min}, auf besseren, hoch ertragreichen Standorten 100–110 kg N/ha minus N_{min}, also je nach Bodenart und Vorfrucht 40–80 kg N/ha Dünger. Bei hohen Düngermengen sollte Startgabe geteilt werden (60 % zu Vegetationsbeginn/40 % etwa 2–3 Wochen später). Abschläge sind bei besonders üppigen, weit entwickelten Beständen sinnvoll
Schossen (BBCH 30–32)	Wenn die erste Gabe geteilt wurde, etwas späteren Termin wählen. N-Menge je nach Ertragserwartung und Standort 50–60 kg N/ha. Auf trockenen Standorten N-Gabe ab Bestockungsende betonen (50–60 kg N/ha), Spätgabe entfällt dann
Beginn Ährenschieben (BBCH 49)	Auf besseren Standorten und hoher Ertragserwartung 30–50 kg N/ha, auf leichten Böden und in Trockenlagen schon vor dem Ährenschieben (BBCH 39–49), weil sonst bei ausbleibendem Regen nicht mehr wirksam, 20–40 kg N/ha
Bei Güllegaben	Maximal 2 Gaben von 10–15 m^3 Schweine- oder 15–20 m^3 Rindergülle. Zeitpunkt März bis Mitte April. Mineralische Düngung dann nur zu Vegetationsbeginn, maximal 40–50 kg N/ha
N_{min} = N-Nachlieferung aus der Mineralisierung.	

Die **Düngung mit Phosphor, Kalium, Magnesium** wird normalerweise im Rahmen der Fruchtfolge durchgeführt. Wenn auf schwächeren Standorten mit Wasserstress zu rechnen ist, sollte eine gute Kaliumversorgung sichergestellt sein, da Kalium die Stickstoff- und Wassernutzungseffizienz sowie die Stresstoleranz der Pflanzen erhöht.
In manchen, zumeist bodenbedingten Fällen müssen auch **Spurennährstoffe** gedüngt werden. Auf humosen Sandböden oder auf den typischen Heidesandböden mit niedrigen Kupfergehalten führt eine Blattkupferdüngung zu deutlichen Ertragsvorteilen. Manganmangel findet sich oft auf überkalkten, lockeren Sandböden, weil Mangan dann als Oxid festgelegt wird. Für die Befruchtungssicherheit ist die Borversorgung zur Blüte zu beachten. Bei niedrigen Borgehalten ist auch zum Roggen eine Bordüngung im Fahnenblattstadium bzw. zur Blüte angebracht. Neuerdings gibt es auch einen Beizzusatz, der Stickstoff und wasserlösliches Mangan, Kupfer und Zink enthält.
Die **Unkrautbekämpfung** ist bei Roggen unproblematisch. Wegen der hohen Bestockungsfähigkeit, dem frühzeitigen Entwicklungsverlauf und der große Halmlänge der Pflanzen verfügt Winterroggen über eine hohe Konkurrenzkraft und ist allen anderen Getreidearten überlegen. Dies gilt auch für Unkräuter mit großer Schadwirkung, wie etwa Klettenlabkraut und Kamille-Arten. Grundsätzlich unterscheidet sich der Herbizideinsatz nicht von dem in anderen Wintergetreidearten. Die Herbizidbehandlung sollte möglichst im Herbst als Vorauflauf- oder frühe Nachauflaufbehandlung erfolgen, da Roggen auf einige Frühjahrsherbizide negativ reagiert (z. B. Wuchsstoffe auf CMPP-Basis). Vorsicht ist bei der Herbstbehandlung nach sehr flacher Ablage, auf sandigen Standorten, bei Staunässe sowie vor heftigen Niederschlägen geboten. Abzuraten ist von

Herbstbehandlungen zu sehr späten Terminen (November), denn dann ist eine Wachstumsperiode von mindestens zwei Wochen nicht immer gewährleistet. Falls eine Maßnahme im Frühjahr notwendig ist, sollte man besonders auf verträgliche Präparate achten; möglichst keine Wuchsstoffmittel (außer DP) einsetzen und bis zum Bestockungsende (Stadium 29) die Behandlung abschließen. Im Vordergrund steht, falls nötig, die Bekämpfung der Ungräser (Windhalm, Acker-Fuchsschwanz und Einjährige Rispe) sowie der Unkräuter Acker-Stiefmütterchen, Kamille-Arten, Vogelmiere und Kletten-Labkraut, die auf vielen Anbauflächen dominieren.

Beim **Pflanzenschutz** ist bei Roggen eine deutlich geringere Intensität erforderlich als bei Winterweizen. Fußkrankheiten sind, vor allem in trockenen Jahren, kaum bekämpfungswürdig, entscheidend sind *Rhynchosporium*- und Braunrostbefall. Bei frühem, starkem Auftreten von *Rhynchosporium*-Blattflecken ist ein gut wirksames Kombinationspräparat mit Dauerwirkung sinnvoll (BBCH 32 bis 35). Braunrost muss bei anfälligen Sorten bereits bei Befallsbeginn behandelt werden. Um die Ertragsbildung sicherzustellen, sollte ab dem Ährenschieben bis zur Blüte eine Abschlussbehandlung mit Schwerpunkt Rost durchgeführt werden. Tritt Braunrost allerdings früh (BBCH 35) auf, sollte rechtzeitig und mit ausreichenden Aufwandmengen bekämpft werden. Eine Behandlung während der Blüte ist beim Fremdbefruchter Roggen nicht zu empfehlen. Bei starkem Schwarzrostbefall ist die Anwendung einer kombinierten Fungizidmaßnahme (Strobilurin + Azol) bis BBCH 59 erforderlich. Der bei Roggen besonders problematische Mutterkornbefall kann nicht mit Fungiziden verhindert werden, hier helfen nur vorbeugende Maßnahmen (s. Kap. 3.3).

Der Aufwand an Pflanzenschutzmitteln ist natürlich auch von der Ertragserwartung und den Erzeugerpreisen abhängig. Die

Wertprüfung des Bundessortenamtes wird in einer extensiven und intensiven Stufe gefahren; beide unterscheiden sich nicht durch die N-Düngung, sondern nur durch den Einsatz von Wachstumsreglern und Fungiziden (Abb. 16).

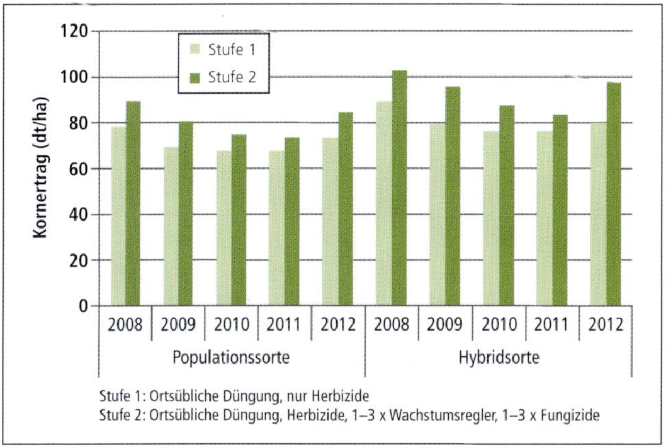

Abb. 16: *Kornertrag einer Populations- (Conduct) bzw. Hybridsorte (Visello) bei extensiver (Stufe 1) und intensiver (Stufe 2) Behandlung (WP-Berichte BSA)*

Es ergaben sich in allen Jahren durch die Behandlungen der Stufe 2 deutliche Mehrerträge. Diese lagen bei der Populationssorte bei 8 bis 16 Prozent und bei der Hybridsorte bei 9 bis 22 Prozent. Mit den Erzeugerpreisen von 2012 gerechnet, wären die Mehraufwendungen der Stufe 2 in jedem Fall wirtschaftlich gewesen. Bei Populationsroggen wären Mehreinnahmen von 20 bis 140 €, bei Hybridroggen von 55 bis 270 € erzielt worden. Ein frühzeitiges **Lagern des langstrohigen Roggens** verringert nicht nur die Kornerträge und erschwert die Ernte, sondern führt vor allem durch das feuchte Mikroklima in Bodennähe zu vorzeitigem Auswuchs, der im Extremfall bis zur sichtbaren Keimung der Körner auf der Ähre gehen kann. Außerdem erhöht sich dadurch der Schwarzbesatz. Bei vorliegenden *Fusarium*-Infektionen kommt es bei Lager durch die verzögerte Abreife und die feuchten Bedingungen zur Bildung deutlich größerer Toxinmengen als auf dem stehenden Halm.

Aufwandmenge von Wachstumsreglern

Einflussfaktor	Aufwandmenge	
	höher	niedriger
Bodenart	schwer	leicht
Aussaattermin	früh	spät
Einsatzzeitpunkt	früh	spät
Temperatur/Sonneneinstrahlung	gering	hoch
Wasserversorgung	gut	schlecht
Lagerdruck	hoch	gering
Stickstoffversorgung	hoch	gering

(Verändert nach Landwirtschaftskammer Nordrhein-Westfalen, 2008)

Deshalb ist der gezielte **Einsatz von Wachstumsreglern** bei Roggen besonders wichtig. Eine einmalige Gabe ist auch bei geringem Lagerdruck und standfesten Sorten empfehlenswert. Neben der Wahl des richtigen Wachstumsreglers ist der optimale Einsatzzeitpunkt für eine wirkungsvolle Einkürzung wesentlich. Besonders verträglich ist – wie bei anderen Getreidearten auch – eine frühe Einkürzung vom Schossbeginn (BBCH 31/32) bis zum Ende des Schossens (BBCH 37). Die

Aufwandmengen sind von zahlreichen Faktoren abhängig (s. Kasten). Aufgrund des tiefen Eingriffs dieser Mittel in die Physiologie des Roggens sollten sie nur bei feuchter, wachstumsfördernder Witterung eingesetzt werden. Auf keinen Fall darf es während der Wirkungsdauer zu stärkerem Stress der Pflanze kommen (z. B. Nachtfrost, Trockenstress, Hitze). Auch sind die Mengen unbedingt an die Böden, Witterung, Sorte und Ertragserwartung anzupassen. In einem trockenen Jahr kann bei mittlerer Ertragserwartung eine Spritzung auch ganz unterbleiben, wenn die Sorte nur gering bis mittel anfällig ist. Mehrmalige Spritzungen vermindern gegenüber hohen Einzelgaben das Risiko von trockenstressbedingten Ertragseinbußen. Auf sehr leichten Böden bzw. regelmäßiger Trockenheit ist oft der Anbau einer standfesten Sorte und eine reduzierte Düngung risikoärmer als ein mehrmaliger Einsatz von Wachstumsreglern.
In Deutschland sind vier Mittel zugelassen (Tab. 8). CCC, Medax Top und Moddus hemmen die Bildung der Streckungshormone. CCC muss vor der Halmstreckung appliziert werden und verstärkt dann das untere Internodium. Ein früher Einsatz von CCC regt die Bestockung an, bremst den Haupttrieb und fördert die Seitentriebe. Damit ist auch eine Einkürzung verbunden, die jedoch meist nicht ausreicht und sich in feuchten Jahren wieder auswachsen kann. Moddus und Medax Top wirken auch noch während der Halmstreckung, der Eingriff in die Gibberellinsäuresynthese erfolgt später.
Ethephon (z. B. Camposan Extra) hemmt dagegen die Aktivität der Streckungshormone durch Ethylenaktivität in der Pflanze und wirkt am besten während der intensiven Halmstreckung. Es kann wegen seiner späten Wirksamkeit auch noch als „Notfallmaßnahme" bis zum Erscheinen der Grannen (BBCH 49) eingesetzt werden (Tab. 9). Es verkürzt die mittleren und oberen Internodien, die Pflanze reagiert aber empfindlich

auf hohe Mengen. Neben der Halmverkürzung bewirken alle Wachstumsregulatoren auch eine Zunahme der Anzahl ährentragender Halme.

Tab. 8: Wachstumsregler und ihre wichtigsten Eigenschaften (Gnauer, 2011)

	Cycocel 720, CCC 720	Moddus	Medax Top	Camposan Extra
Wirkstoff	Chlormequat	Trinexapac	Mepiquat	Ethephon
Wirkstoffgehalt je Liter	720	250	300+50	660
Witterung	über 8 °C	über 12 °C, sonnig	über 10 °C	über 15 °C, wüchsig
Wirkungsdauer bis	10 Tage	14 Tage	10 Tage	4 Tage
Bevorzugtes Einsatzstadium	Schossbeginn	1 bis 2 Knoten	1 bis 2 Knoten	Fahnenblatt
Mischbarkeit	Eher problemlos	Eingeschränkt	Eingeschränkt	Vorsicht

Tab. 9: Beispiele für den Einsatz von Wachstumsreglern in Abhängigkeit von Bodenart und Ertragserwartung

Bedingungen	Stadium	Mittel
Leichtere Böden, mittlere Ertragserwartung	32–37	0,3–0,4 l/ha Moddus **oder**
	37–39	0,5–0,75 l/ha Camposan Extra
Schwere Böden, hohe Ertragserwartung	30–32	1,0–1,5 l/ha CCC_{720} **plus**
	35–39	0,3–0,5 l/ha Moddus **oder**
	39–49	0,5–0,7 l/ha Camposan Extra

Lager tritt häufig wegen zu früher Aussaat, zu dichter Bestände, zu hoher N-Düngung und/oder unzureichender Kalium- und Kupferversorgung auf, eine standortgerechte Bestandesführung und ausgewogene Düngung verringern die Lagergefahr.

3.2 Erfolgreicher Öko-Anbau

Roggen ist geradezu ideal für den Anbau unter ökologischen Bedingungen geeignet (s. Kasten). Aufgrund seiner hohen Wasser- und Nährstoffaneignung erzielt er auch bei geringerer Nährstoffversorgung gute Erträge. Die Anbaufläche von Roggen unter Öko-Bedingungen betrug in Deutschland im Jahr 2011 53.000 Hektar, das sind rund 9 Prozent der Gesamtanbaufläche. Roggen hat damit im Öko-Landbau Deutschlands eine ähnliche Anbaufläche wie Weizen. 2011 wurden 200.000 Tonnen Roggen (= 8 % der Gesamtproduktion) und 185.000 Tonnen Weizen unter Öko-Bedingungen produziert (BÖLW 2012). Die größten Roggenflächen befinden sich auf den Sandstandorten in Brandenburg, Mecklenburg-Vorpommern und auf schwierigen Böden in Bayern. Die beiden erstgenannten Länder brachten es auf 56 Prozent der deutschen Öko-Roggenfläche. In Österreich als dem Vorreiter für ökologischen Anbau in Europa wurden 44 Prozent des gesamten Roggens im Öko-Anbau erzeugt (AMA 2012).

Öko-Eignung von Roggen

- Wenig Ansprüche an Boden, Vorfrucht, Nährstoffe
- Hohe Unkrautunterdrückung
- Wenig Krankheitsprobleme
- Backfähigkeit auch bei geringer N-Zufuhr

Das Absatzpotenzial für Roggen am Ökomarkt ist aufgrund der Konsumgewohnheiten begrenzt. Außerdem ist der Erzeugerpreis, wie in der konventionellen Landwirtschaft, niedriger als für Öko-Weizen. Die Verwertung erfolgt praktisch ausschließlich als Backroggen. Die pflanzenbaulichen Bedingungen unterscheiden sich nur in einigen Punkten vom konventionellen Anbau. Hier sollen nur die wesentlichen Unterschiede herausgearbeitet werden.

Roggen spielt in der **Fruchtfolge** des ökologischen Anbaus, insbesondere auf schwächeren Standorten, eine wichtige Rolle. Aufgrund seiner Anspruchslosigkeit wird er oft als abtragende Frucht in einer vier- bis siebengliedrigen Fruchtfolge eingesetzt (Tab. 10). Wenn vor Futterleguminosen der (Wurzel-)Unkrautdruck zunimmt, ist er das Getreide, welches mit diesen Bedingungen noch am besten zurechtkommen kann. Das Einbringen der anschließenden Kleegemenge-Hauptfrucht als Untersaat im Roggen ist möglich.

Zur **Aussaat** muss das Saatgut aus ökologischem Anbau stammen, die Verwendung von ungebeiztem, konventionell erzeugtem Saatgut ist genehmigungspflichtig und nur in begründeten Ausnahmefällen möglich, etwa wenn von einer dringend benötigten Spezialsorte nicht genug Ökosaatgut zur Verfügung steht. Die Aussaat erfolgt wie im konventionellen Bereich je nach Standort in der Zeit vom 15. September bis 15. Oktober. Eine spätere Aussaat hat tendenziell weniger Herbstverunkrautung zur Folge, trägt aber auch das Risiko von Ertragsverlusten bei unzureichender Vorwinterentwicklung.

Trotz seiner Genügsamkeit ist Roggen ein dankbarer Verwerter von mäßigen **Stickstoffgaben**. Diese sollten bevorzugt im zeitigen Frühjahr in Form von Gülle oder Jauche ausgebracht werden. Mistgaben im Herbst sind aus Sicht der Stickstoffverwertbarkeit nicht zu empfehlen, da Roggen in dieser Zeit nur geringe N-Mengen aufnimmt. Es ist aber wichtig, dass mit

Tab. 10: Beispiele für Fruchtfolge-Alternativen mit Winterroggen im ökologischen Pflanzenbau (verändert nach Plakolm & Hermann, 1991)

Jahr	Standort		Betriebssystem		
	Lehmiger Standort	**Sandiger Standort**	**Viehstarker Betrieb**	**Viehschwacher Betrieb**	**Viehloser Betrieb**
1	Kleegras	Kleegras	Kleegras od. Luzernegras	Rotkleegras od. Luzernegras	Rotklee-, Luzerne-, Wickenvermehrung
2	Kleegras	Winterroggen (Kleeuntersaat/Zwischenfrucht)	Kleegras od. Luzernegras	Winterweizen (Zwischenfrucht Raps od. Senf)	Kartoffeln
3	Winterweizen (Kleeuntersaat)	Hackfrucht, Sommergetreide	Winterweizen	Hafer (Untersaat), Kö.-leguminosen	Winterweizen
4	Hackfrucht	**Winterroggen**	Mais (Untersaat)	Kartoffeln oder Rüben	Hafer
5	Ackerbohnen (Grasuntersaat)		**Winterroggen** (mit Kleegras/Luzernegras)	Winter-/Sommerweizen	Körnerleguminosen
6	Winterweizen (Untersaat)			**Winterroggen**	Winterweizen
7	**Winterroggen**				**Winterroggen**

dem fortsetzenden Wachstum im Frühjahr ein ausreichendes N-Angebot vorliegt. Bis Mitte Mai nimmt Roggen ca. 60 Prozent seines Bedarfs in Anspruch. Sowie die Befahrbarkeit im Frühjahr es zulässt, ist bei Bedarf eine Düngergabe von 15 bis 20 m³/ha Jauche oder Gülle auszubringen. Alternativ kann auch Biogassubstrat als Dünger eingesetzt werden, wenn es von einem ökologisch wirtschaftenden Betrieb stammt.

Im Vergleich zu anderen Getreidearten besitzt Roggen das höchste **Un-/Beikrautunterdrückungsvermögen**. Bedingt durch sein frühes Wachstum im Herbst, gute Winterhärte, zügiges Wachstum bereits bei geringen Temperaturen mit großen Blättern im Frühjahr sowie durch die Halmlänge des Roggens hat das Unkraut wenig Chancen. Langstrohige Populationssorten sind dabei oft noch besser als Hybridsorten. Das Stroh wird im Öko-Anbau auch als Einstreu für die Tierhaltung benötigt. Ob die wissenschaftlich erwiesene Allelopathie des Roggens, d. h. seine Unterdrückung von Konkurrenzpflanzen durch Wurzelausscheidungen, im praktischen Anbau eine Rolle spielt, ist nicht bekannt. Treten trotzdem Probleme auf, kann der **Striegel** eingesetzt werden. Dies muss vorsichtig erfolgen, denn als Flachkeimer liegt der Bestockungsknoten beim Roggen sehr oberflächennah und kann während des Striegelvorganges verletzt oder gar herausgerissen werden. Manche Landwirte lehnen den Striegel deshalb ab. Sehr flach und spät gedrillte Pflanzen sollten auf keinen Fall gestriegelt werden. Sie besitzen zudem kein tief reichendes Wurzelsystem und frieren im Winter leicht mit dem Boden aus, ein Anwalzen kann helfen. Etwas tiefer und früh gesäter Roggen ist wegen seines schon vor dem Winter gut entwickelten Wurzelsystems und des höheren Bestockungsgrades im Frühjahr fest im Boden verankert und kann ein- bis maximal zweimal um den Bestockungszeitpunkt herum gestriegelt werden. Die Pflanzen sollten mindestens drei kräftige Blätter aufweisen und gut im Boden verankert sein („Ziehtest").

Der **Pflanzenschutz** spielt aufgrund der meist dünneren Bestände und der geringeren verfügbaren Stickstoffmengen im Öko-Anbau sowie der allgemeinen Robustheit des Roggens nur eine untergeordnete Rolle. Um Mutterkorn zu vermeiden, sollte gerade im Öko-Anbau ein Pflegeschnitt von Randstreifen

Tab. 11: Sorten für die in Deutschland Ökosaatgut verfügbar ist (P = Populationssorte, H = Hybridsorte; http://www.organicxseeds.com)

Sortenname	Typ	Züchter/ Vertreter	Besonderheiten
Konventionelle Sorten			
Amilo	P	Syngenta Seeds	Alte Sorte, sehr hohe Backqualität
Conduct	P	KWS LOCHOW	Aktuell verbreitete Sorte
Dankowskie Diament	P	Syngenta Seeds	Standfest, krankheitsresistent
Dukato	P	Saaten-Union	Längere Sorte, sehr standfest
Nikita	P	KWS LOCHOW	Ältere Sorte, verwandt mit Conduct
Recrut	P	KWS LOCHOW	Ältere Sorte, verwandt mit Conduct
Askari	H	Saaten-Union	Standfest, ertragsstark
Minello	H	Saaten-Union	Kurz, standfest, ertragsstark
Palazzo	H	KWS LOCHOW	Sehr standfest, sehr ertragsstark
Ökosorten			
Champagner-roggen	P	z. B. Bio-Hof Walz	Landsorte (um 1900), Brandenburg
Firmament	P	Dottenfelderhof	Auslese aus Nomaro x Amilo
Lautenbacher	P	Keyserlingk-Institut	Hofsorte
Lichtkorn-roggen	P	Getreidezucht Darzau	Gelbe Kornfarbe (ähnlich Weizen)
Rolipa	P	Keyserlingk-Institut	Auslese aus der Hofsorte vom Lichthof
Grünnutzung			
Bonfire	P	DSV	
Borfuro	P	Saatzucht Steinach	
Protector	P	Saatzucht Petersen	
Turbogreen	P	Saatzucht Steinach	

unter Berücksichtigung des Arten- und Biotopschutzes durchgeführt werden, da früh blühende Gräserarten an Wegrändern und Feldrainen sehr effektiv im Frühjahr Mutterkorninfektionen des Roggens auslösen können.

Prinzipiell sind bei Roggen alle **Sorten** für den Öko-Anbau geeignet. Neben dem Kornertrag sind Standfestigkeit, Auswuchsfestigkeit und geringe Neigung zu Braunrost und Mutterkorn wichtig. Betriebe mit Viehwirtschaft bevorzugen oft längere Sorten, um genügend Stroh zur Verfügung zu haben. Es gibt inzwischen auch Sorten, die durch ökologisch arbeitende Züchter erstellt wurden (Tab. 11). Diese beschäftigen sich ausschließlich mit Populationsroggen. Eine bessere genetische Anpassung des Roggens an ökologische Anbaubedingungen ist bei langjährigem Anbau auf einem (Zucht-)Betrieb möglich, da Roggen als Fremdbefruchter bei der Blüte jedes Jahr einer Durchkreuzung sowie der natürlichen Selektion unterliegt. Dies ist wichtig, wenn vom Landwirt Hofsorten angestrebt werden. So wurde etwa „Firmament" aus einem 50-jährigen biologisch-dynamischen Anbau der alten Sorte Petkuser Normalstroh (Nomaro) mit spontaner Einkreuzung von Amilo ausgelesen.

Dreijährige Versuchsergebnisse unter ökologischen Anbaubedingungen in Baden-Württemberg zeigen, mit Ausnahme von Rolipa, eher geringe Unterschiede zwischen den Populationssorten, die nicht immer signifikant unterschiedlich waren (Abb. 17). Das durchschnittliche Ertragsniveau lag bei rund 50 dt/ha. Die Akzeptanz der Hybridsorten im ökologischen Pflanzenbau hängt stark vom jeweiligen Anbauverband ab. Während DEMETER Hybridsorten bei Roggen völlig ablehnt, erlauben BIOLAND und NATURLAND ihren Anbau, regional wird er sogar propagiert, um höhere Erntemengen zu erzielen.

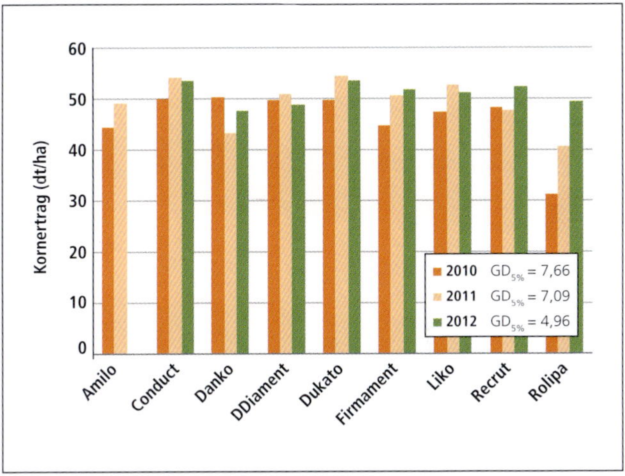

Abb. 17: *Kornertrag von Roggensorten bei ökologischem Anbau in Baden-Württemberg (je drei Standorte; 2012: 4 Standorte; Liko = Lichtkornroggen;* $GD_{5\%}$ *= Grenzdifferenz bei 5 % Irrtumswahrscheinlichkeit für Sortenvergleiche innerhalb eines Jahres, Quelle Öko-LSV 2012)*

Bei der Qualität der Mühlenmuster von Roggen gab es hinsichtlich der Mahl- und Backfähigkeit über fünf Jahre (2004–2008) kaum Unterschiede zwischen konventionellem und Öko-Anbau (Tab. 12). Lediglich der Mutterkorngehalt war beim Öko-Anbau deutlich geringer, was auf die damalige Anfälligkeit der meisten im konventionellen Anbau genutzten Hybridroggensorten zurückzuführen sein dürfte. Dies hat sich im konventionellen Anbau der nächsten fünf Jahre (2008–2012) deutlich verbessert. Die anderen Qualitätskriterien sind im Wesentlichen auf demselben hohen Niveau geblieben.

Tab. 12: Vergleich der Qualitätskriterien zwischen zwei Fünf-Jahres-Perioden sowie zwischen konventionellem und Öko-Anbau (Quelle: MRI – Institut für Sicherheit und Qualität bei Getreide, Detmold, 2010, 2012)

	2008–2012	2004–2008	
	konv.	konv.	öko
Hektolitergewicht [kg/hl]	75,3	74,0	73,5
Schmachtkorn [%]	1,3	3,4	3,3
Mutterkorn [%]	0,02	0,12	0,04
Ganzkorn-Mineralstoffgehalt [% TS]	1,69	1,69	1,79
Proteingehalt [% TS]	9,7	10,7	9,2
Fallzahl [sec]	225	218	226
Amylogramm [AE]	807	837	768
Amylogramm, VT. [°C]	68,9	69	69,6

Nicht immer einfach ist der **Absatz** von ökologisch produziertem Roggen. Während gute Backweizenpartien aus heimischer Erzeugung in jedem Jahr gesucht sind, zeigen sich derartige Engpässe beim Roggen eher selten, solange nicht Jahre mit viel Auswuchs auftreten.

3.3 Krankheiten und Resistenzeigenschaften

Roggen zählt im Vergleich zu Weizen und Gerste zwar zu den weniger krankheitsanfälligen Getreidearten, allerdings können einige Pilzkrankheiten und Virosen auch beim Roggen Ertragsverluste verursachen.

Roggen ist im Jugendstadium durch Schneeschimmel (*Michrodochium nivale*) und Fußkrankheiten, wie die Halmbruchkrankheit (*Oculimacula acuformis*), und regional die Schwarzbeinig-

Wichtige Krankheiten bei Roggen

Allgemein verbreitet:
- Fußkrankheiten
- Braunrost
- Rhynchosporium-Blattflecken
- Ährenfusariosen
- Mutterkorn

Regionale Bedeutung:
- Schneeschimmel
- Mehltau
- Schwarzrost
- Bodenbürtige Viren

keit (*Gaeumannomyces graminis*) gefährdet. Blattkrankheiten werden durch Echten Mehltau (*Blumeria graminis*), Braunrost (*Puccinia recondita*) sowie regional auch Schwarzrost (*Puccinia graminis*) verursacht. Der Erreger von Rhynchosporium-Blattflecken (*Rhynchosporium secalis*) kann bei feuchtem Frühjahr ertragsmindernd wirken. Roggen besitzt eine sehr geringe Anfälligkeit gegenüber Ährenfusariosen (*Fusarium culmorum, F. graminearum*), der Roggenstängelbrand (*Urocystis occulta*) ist unbedeutend. Problematisch im Roggenanbau ist aber der Befall durch Mutterkorn (*Claviceps purpurea*). Bodenbürtige Viren, die durch ansonsten unschädliche Bodenpilze (*Polymyxa spp.*) übertragen werden, stellen in einigen Gebieten eine Bedrohung für den Roggenanbau dar, dazu gehören das Weizenstrichelmosaikvirus (*wheat spindle streak mosaic virus,* WSSMV), das Bodenbürtige Getreidemosaikvirus (*soil-borne cereal mosaic virus,* SBCMV) sowie das Bodenbürtige Weizenmosaikvirus (*soil-borne wheat mosaic virus,* SBWMV). In ganz Deutschland kann Roggen auch vom Gerstengelbverzwergungsvirus (*barley yellow dwarf virus,* BaYDV) und Weizenverzwergungsvirus (*wheat dwarf virus,* WDV) befallen werden. Überträger sind hier Blattläuse bzw. Zwergzikaden. Im Folgenden werden die wichtigsten Roggenkrankheiten und ihre Bekämpfungsmöglichkei-

Abb. 18: *Geschädigte Pflanze durch Schneeschimmel*

ten in der Reihe ihres Auftretens während der Vegetationsperiode in einem Steckbrief kurz vorgestellt.

Schneeschimmel kann erhebliche Auswinterungsschäden verursachen (Abb. 18), in Österreich ist er einer der wichtigsten Schadfaktoren. Er infiziert ausschließlich unter einer Schneedecke und ist deshalb nicht direkt bekämpfbar. In Mittelgebirgslagen sind spätere Saatzeiten anzustreben, damit der Bestand nicht zu üppig in den Winter geht. Geschädigte Pflanzen kommen nur zögernd zur Entwicklung. Die Saatgutbeizung verhindert zuverlässig samenbürtigen Befall, alle Beizmittel müssen eine Hauptwirkung gegen Schneeschimmel haben. Bodenbürtiger Befall, v. a. im Frühjahr, wenn es unter der Schneedecke zu Temperaturen um den Gefrierpunkt kommt, wird dadurch nicht bekämpft.

Schneeschimmel (*Microdochium nivale*)	
Symptome	Nach Schneeschmelze nesterweise abgestorbene oder im Wuchs zurückgebliebene Pflanzen, korkenzieherartig verkrümmt mit schmutzig-weißem bis hellrosa Belag, bei sonnigem Wetter schnell verschwunden, an den infizierten Gewebestellen schwarzbraune Fruchtkörper (Perithezien); Blattbefall mit ca. 3–4 mm großen, beigefarbenen Nekrosen
Schaden	Totalausfall von Pflanzen, lückige Bestände, u. U. Umbruch erforderlich, bei Blattbefall verringerte Assimilationsfläche
Verbreitung	Saatgut- und bodenbürtig, in allen Roggenanbaugebieten vorhanden
Infektion	Unter Schnee bei Temperaturen bis -1 °C, v. a. im Frühjahr, wenn bereits höhere Außentemperaturen gegeben sind
Vorbeugung	Gute Einarbeitung der Ernterückstände, spätere Saat, nicht zu üppige Vorwinterentwicklung, gezielte N-Düngung im Frühjahr
Züchtung	Keine Sortenunterschiede bekannt
Fungizide	Keine direkte Bekämpfung, saatgutbürtiger Befall durch Beizung

Die Bedeutung von **Fußkrankheiten** ist in den letzten Jahren mit zunehmend trockener Herbst- und Frühjahrswitterung stark zurückgegangen.

Fußkrankheiten (*Oculimacula yallundae, O. acuformis, [früher Pseudocercosporella], Fusarium* spp., *Microdochium nivale, Rhizoctonia cerealis*)	
Symptome	Bereits im Spätherbst kleine ovale bis längliche hellbraune Flecke an der Pflanzenbasis, *O. acuformis* („Roggenrasse") bildet Augen- oder Medaillonflecke mit hellbraunem, unscharfem Rand, *R. cerealis* scharfe, klar abgegrenzte Augenflecke. *Fusarium*-Arten bzw. *M. nivale* zeigen unspezifische Verbräunungen
Schaden	Bei frühen/schweren Infektionen vermorscht gesamte Halmbasis, Umknicken ab Befallszone (Halmbruch), Halme fallen wirr durcheinander. Nesterweises Lagern, verringertes TKM, erschwerte Ernte, verringerte Fallzahlen durch Auswuchs
Verbreitung	Bodenbürtig, Sporen über kurze Distanzen durch Regen und Wind verbreitet
Infektion	Längere feuchte Perioden mit Temperaturen zwischen 5 und 15 °C (Optimum 10 °C) fördern den Befall, trockenes Wetter während der Schossphase führt zu geringerem Schaden
Fruchtfolge	Enge Getreidefruchtfolgen erhöhen Risiko, alle Getreidearten sind Wirte, Weizen ist besonders anfällig
Vorbeugung	Zweijährige Anbauphase von Getreide, Bekämpfung von Ungräsern und Ausfallgetreide, sorgfältige Stoppelbearbeitung, späte und flache Saat, Einsatz von Wachstumsreglern macht Halme stabiler
Züchtung	Nur geringe quantitative Unterschiede zwischen Sorten
Fungizide	Frühes Schossstadium (BBCH 31–37) bei Befallshäufigkeit von 20–30 %

Allerdings spielt die Halmbruchkrankheit regional, z. B: im österreichischen Waldviertel mit seiner feuchten Witterung, eine große Rolle. In solchen Fällen ist eine Bekämpfung der

Fußkrankheiten zu Schossbeginn (BBCH 31) i. d. R. lohnend, auch um die Standfestigkeit des Roggens zu erhöhen; sie wird dann mit der ersten Wachstumsreglergabe vorgenommen. Mit Fungiziden wird nur der Halmbrucherreger *Oculimacula spp.* zuverlässig erfasst.

Rhynchosporium-Blattflecken können bei feuchten Frühjahrsbedingungen zum Problem werden und müssen dann mit Fungiziden behandelt werden (s. Abb. 20). Treten sie erst nach dem Schossen auf, sind sie weniger ertragswirksam bzw. werden mit einer Fungizidbehandlung gegen Braunrost bekämpft. Häufig finden sich auf den Blättern noch weitere Blattfleckenerreger, die bei Roggen bisher wissenschaftlich nicht ausreichend erforscht sind.

Rhynchosporium-Blattflecken (*Rhynchosporium secalis*)	
Symptome	Auf Blattspreiten, häufig auch in der Blattachsel 1–2 cm lange wässrig-blaugrüne Flecke, die von der Mitte her vertrocknen und dann grauweiß wirken. Flecke sind durch einen dunkelbraunen Rand scharf vom gesunden Gewebe abgegrenzt. Mehrere Flecke können miteinander verschmelzen
Schaden	Verringerte Assimilationsfläche, geringere TKM
Verbreitung	Überdauerung durch befallene Ernterückstände, Ausfallgetreide, selten durch Saatgut. Sporen durch Regentropfen verbreitet.
Infektion	Erstinfektion bei feuchtkühler Witterung, Temperaturen von 2–7 °C, hoher Luftfeuchte. Bei Temperaturen von 15–20 °C, hoher Luftfeuchtigkeit sind erste Symptome bereits nach einer Woche sichtbar
Vorbeugung	Tiefes Unterpflügen der Getreidestoppeln und Beseitigung von Ausfallgetreide und Schadgräsern, termingerechte Saat und Verwendung von Beizmitteln mit *Rhynchosporium*-Wirkung

Züchtung	Nur geringe Unterschiede zwischen Sorten
Fungizide	Kontrolle ab BBCH 31, Einsatz bei Befallshäufigkeit von 50 % auf dem dritten bzw. vierten Blatt unterhalb des Fahnenblattes (F-3/F-4) und bei niederschlagsreicher, kühler Witterung

Echter Mehltau ist in Lagen mit hoher Luftfeuchtigkeit im Frühjahr ein Problem (Abb. 19). Da dies häufig keine typischen Roggenanbaugebiete sind, ist er nur fallweise bekämpfungswürdig.

Echter Mehltau (*Blumeria graminis*)	
Symptome	Weiße Pusteln und später mehlige, abwischbare Beläge auf den Blättern und Trieben, bei starkem Befall auch auf Ähren und Grannen. Pusteln bilden zur Ernte braune bis schwarze, kugelige Fruchtkörper (Kleistothezien)
Schaden	Ab Ährenschieben verringerte Assimilatbildung und -transport ins Korn
Verbreitung	Überdauerung durch Fruchtkörper auf befallenen Ernterückständen oder als Myzel auf Ausfall- und Wintergetreide, im Frühjahr durch Konidien mit dem Wind, sehr weiträumig
Infektion	Warme Lagen mit hoher Luftfeuchtigkeit, optimale Temperatur 15–20 °C, keine starken Niederschläge, Zeitspanne von Infektion bis zur Sporenbildung bei 15 °C nur 5 Tage, bis zu 8 Entwicklungszyklen möglich
Vorbeugung	Nicht zu frühe Saat, angepasste Bestandesdichte und N-Düngung
Züchtung	Es gibt deutliche Unterschiede zwischen den Sorten; keine Sorte ist extrem anfällig
Fungizide	Zahlreiche hochwirksame Fungizide, Schadschwelle von 50–60 % Befallshäufigkeit der Gesamtpflanze (BBCH 31–39) wird nur selten erreicht

Abb. 19: *Echter Mehltau ist oft eine Folge hoher Luftfeuchtigkeit*

Braunrost ist neben Rhynchosporium-Blattflecken und Mutterkorn die wichtigste Roggenkrankheit (Abb. 20). Je früher die Infektion erfolgt, umso ertragsrelevanter ist er. Bereits geringer Befall vor der Blüte kann bei warmem Wetter aufgrund der kurzen Vermehrungszyklen des Pilzes schädlich sein. Ein Fungizideinsatz lohnt sich in der Regel und bringt Mehrerträge bis zu 10 dt/ha. Die Einlagerungsphase der Assimilate ins Korn wird dadurch verlängert.

Braunrost (*Puccinia recondita*)	
Symptome	Ca. 2 mm große, ockerbraune, rundliche Sommersporenlager (Uredosporen) unregelmäßig auf Blattfläche, bei hohem Befall auch auf Blattscheiden, Ähren und Grannen. Befallene Blattflächen vergilben und vertrocknen
Schaden	Verringerte Assimilationsfläche, geringere TKM, bis zu 30 % verringerter Kornertrag
Verbreitung	Überwinterung als Myzel oder Uredosporen an Ausfallgetreide, Herbstsaaten und Gräsern, Sporen windbürtig, weiträumige Verbreitung
Infektion	Mildes Herbst- und Winterwetter, warmes Frühjahr, höhere Temperaturen von 20 bis 25 °C (Tag), 15 °C (Nacht) mit Taubildung oder Niederschlag
Vorbeugung	Ausfallgetreide und Stoppeln beseitigen, ausgewogene N-Düngung, Winterroggen nicht zu früh aussäen (Herbstinfektion!)
Züchtung	Große Unterschiede im Zuchtmaterial, Anfälligkeit der Sorten liegt zwischen APS 2 und 7; es gibt einige resistente Populations- und Hybridsorten
Fungizide	Zahlreiche hochwirksame Fungizide, bei 2–5 % Blattbefall und günstigen Vermehrungsbedingungen einsetzen

Abb. 20: *Braunrost (links) und Rhynchosporium secalis (rechts) sind die wichtigsten Blattkrankheiten*

Schwarzrost ist bei Roggen ein gefährlicher Erreger (Abb. 21), der in Deutschland und Österreich immer in heißen, trockenen Phasen auftritt, bevorzugt im kontinental beeinflussten Klima. Wegen seines hohen Temperaturoptimums tritt er erst später in der Vegetationsperiode (ab Juni) auf. Die Schäden an Kornertrag und Tausendkornmasse sind trotzdem deutlich höher als bei Braunrost, weil die Stängel und damit Wasser- und Nährstofftransport stark geschädigt werden.

Schwarzrost (*Puccinia graminis* f.sp. *secalis*)	
Symptome	Auf Halmen und Blattscheiden rostfarbene, oft streifenförmig angeordnete Uredosporenlager (bis zu 1 cm), die von Resten der aufgerissenen Epidermis umgeben sind. Kurz vor der Ernte werden die schwarzen Teleutosporen (Name!) gebildet, ebenfalls von Resten der Epidermis umgeben
Schaden	Verringerte Assimilationsfläche, geringeres TKM, bis zu 50 % verringerter Kornertrag
Verbreitung	Überwinterung als Myzel oder Uredosporen an Ausfallgetreide, Herbstsaaten und Gräsern, Sporen windbürtig, weiträumige Verbreitung, Hauptwirt für sexuelle Vermehrung ist die Berberitze
Infektion	Bei Temperaturen zwischen 16 und 26 °C rostfarbene Uredosporenlager auf Halmen und Blattscheiden; bei Reife schwarze Teleutosporen zur Überwinterung
Vorbeugung	Befallene Ernterückstände sorgfältig in den Boden einarbeiten. Das Gras von den Feldrainen sorgfältig beseitigen. Bei der Neuanpflanzung von Windschutzstreifen keine Berberitzen setzen
Züchtung	Derzeit keine großen Unterschiede zwischen deutschen Sorten
Fungizide	Fungizide nur als Mischung wirksam

Abb. 21: *Die Ertragseinbußen durch Schwarzrost sind sehr hoch: Unterschiedlich anfällige Sorten von hochgradig resistent bis sehr anfällig*

Mutterkorn ist die Überdauerungsform des Pilzes *Claviceps purpurea*, typisch sind die großen, dunklen Gebilde (Sklerotien), die weit über die Spelzen hinausragen (Abb. 24). Mutterkorn kommt unter den Getreidearten bei Roggen am häufigsten vor, weil Roggen als Fremdbefruchter die Blüten weit öffnen muss. Dadurch gelangen Sporen des Erregers, der nicht von alleine durch die Spelzen dringen kann, auf die Narben der Roggenblüten und lösen eine Infektion aus.

Mutterkorn (*Claviceps purpurea*)	
Symptome	Während Blüte gelbliche, klebrige Tropfen mit Sporen (Honigtau, Abb. 22), später dunkel-violette, hornförmige Mutterkörner (Sklerotien, Abb. 23; 1–2 mm bis 6 cm groß), das Innere ist erst knorpelig weich, später hart und weiß
Schaden	Weniger durch Ertragsverlust als durch Mutterkornbesatz (giftige Alkaloide!); Grenzwert: 0,05 % Sklerotien und -bruchstücke bei Brotroggen, 0,1 % bei Futterroggen
Verbreitung	Überdauerung durch Sklerotien, im Frühjahr Ascosporenbildung und Infektion früh blühender Gräser (Primärinfektion); Konidien werden als Honigtau von Insekten und Regenspritzern auf Roggen in der Blüte übertragen (Sekundärinfektion)
Infektion	Bei feuchter Witterung bzw. Regen zur Blüte
Vorbeugung	siehe Kasten
Züchtung	Indirekte Bekämpfung durch resistentere Sorten (s. Abb. 25) bzw. Einmischen von Populationsroggen in Hybridsorten
Fungizide	Keine

Der Wirtspflanzenkreis des Erregers ist sehr groß, die meisten Wirtspflanzen sind Gräser, auch wilde Gräser an Feldrainen und

Abb. 22: *Honigtau wird vom Pilz gebildet und enthält Konidiosporen in hoher Konzentration; er ist das früheste Zeichen einer Mutterkorn-Infektion*

Abb. 23: *Mutterkorn im Erntegut*

Abb. 24: *Mutterkorn an Roggenpflanzen*

Waldrändern. *C. purpurea* kommt weltweit in allen Roggenanbaugebieten vor. Die Sklerotien fallen bei der Ernte teilweise ab, überwintern im Boden und lösen im nächsten Frühjahr neue Infektionen aus. Der Mutterkornbefall ist für den Landwirt wichtig, weil es bei der Ablieferung von Konsumroggen Abzüge gibt, wenn die Grenzwerte überschritten werden. Ohne Abzüge vermarktet werden können als Backroggen nur Partien mit einem Mutterkorngewichtsanteil von höchstens 0,05 Prozent, bei Futterrogen sind höchstens 0,1 Prozent zulässig. Erntegut, das einen stärkeren Befall aufweist, muss aufwendig gereinigt oder für die Biogaserzeugung verwendet werden. Bei zu hohem Befall kann die Annahme ganz verweigert werden.

Vorbeugende Maßnahmen gegen Mutterkorn

- Verwendung von Z-Saatgut
- Saubere Pflugfurche bei Roggen nach Roggen
- Dichte, gleichmäßige Bestände
- Feldränder vor Blüte mähen, Ungrasbekämpfung
- Vermeidung von Zwiewuchs und Nachschossern: Fahrgassen breit genug anlegen, Vorgewende wenig befahren
- Vorsicht bei Wachstumsreglern auf leichten Böden und bei Trockenstress (Zwiewuchs!)
- Sorten mit höherer Pollenschüttung verwenden

Neben vorbeugenden Maßnahmen gibt es auch große Sortenunterschiede in der Anfälligkeit gegen Mutterkorn (Abb. 25). Diese Ergebnisse stammen aus mehrjährigen und mehrortigen Versuchen mit künstlicher Infektion. Bewertet wird dabei der prozentuale Anteil an Sklerotien oder Sklerotienbruchstücken am Gesamtertrag eines repräsentativen Probeschnittes.

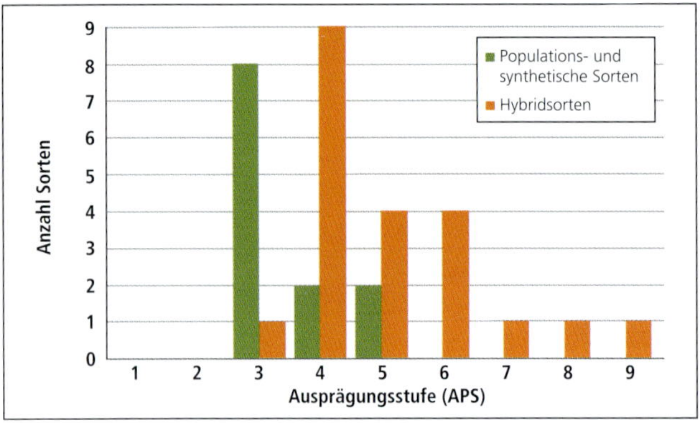

Abb. 25: *Sortenunterschiede in der Anfälligkeit gegen Mutterkorn (BSL 2012)*

Die Populationssorten und synthetischen Sorten liegen bei APS 3 bis 5, die Hybridsorten zwischen APS 3 und 9. Rund die Hälfte der Hybridsorten hat eine Einstufung von APS 3 bis 4; sie entsprechen damit der geringen Anfälligkeit der Populationssorten. Dies ist bemerkenswert, weil ältere Hybriden in der Regel eine deutlich höhere Mutterkornanfälligkeit hatten. Durch Einkreuzung eines Restorergens aus iranischem Primitivroggen konnte bei diesen Hybridsorten die Pollenschüttung soweit verbessert werden, dass die Anfälligkeit gegen Mutterkorn auf diesen geringen Wert zurückging. Wenn während der Blüte ausreichend Pollen zur Verfügung steht, erfolgen weniger Mutterkorninfektionen, da der Pilz nicht durch die geschlossenen Spelzen dringen kann, sondern in das offene Blütchen eingebracht werden muss. Und die Blütchen sind umso länger geöffnet, je regnerischer das Wetter und je geringer das Pollenangebot. Die Unterschiede in der Mutterkornanfälligkeit zeigen sich übrigens vor allem bei feuchter Witterung zur Blüte und bei starker Nachschosserbildung. Ist es in den betreffenden

Zeiten trocken, findet sich bei allen Sorten wenig bis kein Mutterkornbefall.
Mutterkorn-Sklerotien enthalten bis zu 30 Giftstoffe (Ergotalkaloide), die schädlich für Mensch und Tier sind. Akut tödlich für einen Erwachsenen sind 5 bis 10 g Mutterkorn. Geringere Mengen, über lange Zeiten mit dem Brot verzehrt, waren im Mittelalter oft die Ursache für die „Kribbelkrankheit": Nervöse, krampfartige Zustände, Lähmung, Ohnmacht sowie das Absterben einzelner Gliedmaßen. Der Zusammenhang zwischen dem Verzehr von pilzbefallenem Getreide und den häufig regional begrenzten Vergiftungserscheinungen wurde erst 1853 durch den französischen Forscher L. R. Tulasne bewiesen. Im Volksmund wurde die Seuche auch als „Antonius-Feuer" oder auch *ignis sacer* = „heiliges Feuer" bezeichnet. Vom Wort Ergot für Mutterkorn leitet sich der medizinische Name für eine Mutterkorn-Vergiftung ab: Ergotismus. Wegen ihrer pharmakologischen Wirkungen werden einige Mutterkornalkaloide in der Medizin u. a. zur Behandlung von Migräne, Durchblutungsstörungen und der Parkinson-Krankheit sowie als wehenförderndes Mittel eingesetzt. Auf der Basis der Mutterkornalkaloide stellte der Chemiker A. Hofmann 1938 erstmals LSD her.

Roggen wird in sehr viel geringerem Umfang von Ährenfusariosen befallen als Weizen (Abb. 26). Die Symptome zeigen sich meist nur im Ausbleichen einzelner Ährchen je Ähre, der Befall ganzer Ährenzeilen oder gar ganzer Ähren kommt bei Roggen natürlicherweise nicht vor.

Ährenfusariosen (*Fusarium graminearum, F. culmorum, Microdochium nivale u. a.*)	
Symptome	Ausbleichen einzelner Ährchen (Partielle Taubährigkeit), bei hohem Befall auch von mehreren. Weißlich bis rötlich verfärbte Kümmerkörner sind die Folge. Bei feuchter Witterung zeigt sich auf den befallenen Ährchen auch ein rosa- bis lachsfarbener Sporenbelag
Schaden	Kontamination mit Mykotoxinen, Kümmerkorn, niedrige TKM, verminderte Keimfähigkeit
Verbreitung	Blatt- und Ährenbefall von Ascosporen oder Konidiosporen durch Wind und Regenspritzer; Ascosporen von Ernteresten der Vorfrucht im Frühjahr, v. a. Mais
Infektion	Feuchtes Wetter während Blüte, höhere Temperaturen beschleunigen die Infektion
Fruchtfolge	Mais als Vorfrucht, besonders gefährlich in Verbindung mit reduzierter Bodenbearbeitung
Vorbeugung	Beseitigung von Ernterückständen durch wendende Bodenbearbeitung (vor allem bei Vorfrucht Mais)
Züchtung	Quantitative Unterschiede zwischen den Sorten
Fungizide	Direkte Bekämpfung nur unmittelbar vor oder nach einer Infektion, Wirkungsgrad eingeschränkt, bei Roggen meist nicht lohnend

Abb. 26: *Roggenähren mit natürlichem Fusarium-Befall; nur wenige Ährchen sind infiziert*

Trotzdem lassen sich die wichtigsten Mykotoxine, v. a. Deoxynivalenol (DON), auch im Erntegut von Roggen nachweisen. Im Vordergrund steht bei Ährenfusariosen deshalb weniger die Ertragswirkung als vielmehr die Entwertung des Erntegutes durch Mykotoxine. Dies gilt sowohl für die menschliche Ernährung, für die die EU strenge Grenzwerte vorgibt, als auch für Futter. Besonders empfindlich sind Schweine, weniger empfindlich Rinder und am tolerantesten ist Geflügel.
Monitoring-Daten zeigen, dass Roggen, mit Ausnahme von 2011, deutlich weniger mit DON belastet ist als Weizen (Abb. 27). In den letzten Jahren lagen alle DON-Werte im Mittel deutlich unter dem EU-Grenzwert von 1,25 mg/kg für frisch geerntetes Getreide zur Verwendung als Lebensmittel. Allerdings gab es bei Weizen in jedem Jahr einzelne Proben, die den

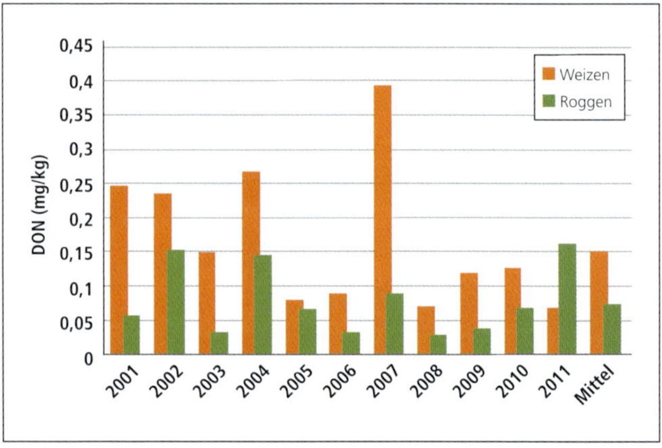

Abb. 27: *Mittlere DON-Werte von Roggen und Weizen aus Praxis-Ernteproben in Deutschland (N = ca. 450 Proben/Jahr für Weizen, N = ca. 200 Proben/Jahr für Roggen; Quelle: Besondere Ernteermittlung 2012, S. 41)*

Grenzwert um ein Vielfaches überschritten, bei Roggen kam dies nur in einzelnen Jahren vor. Ähnliches gilt für das Mykotoxin Zearalenon. Auch hier hat Roggen in der Regel deutlich niedrigere Gehalte als Weizen.

3.4 Trockenstress-Toleranz

Roggen ist deutlich trockentoleranter als Weizen, aber rund 75 Prozent der Roggenanbauflächen liegen auf leichteren Böden, die wenig Wasserspeicherkapazität besitzen und besonders stark von ausbleibenden Niederschlägen betroffen sind. Im bisher extremsten Trockenjahr 2003 wurden etwa in Brandenburg im Landesdurchschnitt 35 Prozent weniger Roggen geerntet als in den drei Jahren danach. Die trockensten Aprilmonate der letzten 20 Jahre waren nach dem Deutschen Wetterdienst die Jahre 2007, 2009, 2010 und 2011. Auch der März 2012 war mit 16 Litern Regen pro Quadratmeter einer der trockensten seit Beginn der Wetteraufzeichnung und bundesweit um 3,4 Grad wärmer als im langjährigen Mittel. Der April brachte dann in Brandenburg 30 Prozent weniger Regen, in Niedersachsen 20 Prozent. Auch die langfristigen regionalen Klimamodelle rechnen mit einer Vorverlegung des Frühjahrs, einer stärkeren Erwärmung im Sommer und weniger Niederschlägen in dieser Zeit. In Teilen Sachsen-Anhalts und Brandenburgs ist bis 2050 mit 27 zusätzlichen Sommer- und weiteren 15 heißen Tagen zu rechnen.

Deshalb geht es bereits heute darum, trockentolerantere Genotypen für morgen zu selektieren. Dies wird in der wissenschaftlichen Forschung häufig in Gefäßversuchen und/oder mit apparativ sehr aufwendigen Erfassungsmethoden verfolgt. Beides ist im züchterischen Maßstab nicht durchführbar, weil

Abb. 28: *Trockenstress-Versuch in der Lüneburger Heide; links Roggenparzellen ohne Bewässerung, rechts Parzellen mit Tröpfchenbewässerung. Trotz dem verfrühten Eintritt der Gelbreife durch Stress drosch der unbewässerte Roggen auf diesem Standort noch 58 dt/ha*

jedes Jahr Tausende von Kandidaten selektiert werden müssen. Deshalb wurden in einem Projekt der Universität Hohenheim und der KWS LOCHOW die Ertragsunterschiede zwischen beregneten und unberegneten Feldparzellen an jeweils drei Orten in drei Jahren erfasst (Tab. 13). Dabei zeigten sich bis auf zwei Orte im Jahr 2010 überall deutliche Ertragsunterschiede. Für das Experiment wurden Testkreuzungen mit jeweils über 200 Nachkommen auf leichten Sandböden angebaut. Der Roggen auf den gestressten Parzellen war deutlich kürzer und früher reif als derjenige auf den gut mit Wasser versorgten Parzellen (Abb. 28). Die Zahlen geben auch einen Anhaltspunkt für den Ertragsverlust bei frühem Trockenstress, der in den letzten drei Jahren in Teilen Niedersachsens und Brandenburgs regelmäßig im April/Mai auftrat. Ein 2011 parallel durchgeführter Versuch mit Winterweizen in Niedersachsen führte in der unbewässerten Variante bei einigen Sorten zu überhaupt keiner Ertragsbildung mehr.

Tab. 13: Differenz des Kornertrages (dt/ha) zwischen bewässerter und unbewässerter Variante über je drei Orte in drei Jahren

Ort	Saatelter-Formenkreis		Pollenelter-Formenkreis	
	2010	2011	2011	2012
Ort 1	27,5	33,4	21,8	12,4
Ort 2	4,0	31,8	27,2	11,9
Ort 3	2,0	12,3	15,0	13,0

Die Abbildung 29 zeigt, dass es bei der Reaktion der Genotypen auf Trockenstress vier Reaktionstypen gibt: Nachkommen, die unter beiden Bedingungen wenig Kornertrag erbringen (Quadrant IV), andere, die nur in der unbewässerten Variante überdurchschnittlich sind (III), solche, die nur in der bewässerten Variante gut sind (II), und schließlich jene, die unter beiden Bedingungen überdurchschnittliche Erträge bringen (I). Letztere sind die gesuchten Nachkommen, denn schließlich herrscht in Deutschland nicht jedes Jahr Trockenstress. Und deshalb werden Roggentypen gebraucht, die unter guten Bedingungen höchste Erträge liefern, bei fehlendem Niederschlag aber ebenfalls überdurchschnittlich gut sind.

Hybrid- und Populationssorte im Vergleich. Die geringere Ertragsleistung der Populationssorte Conduct unter beiden Anbaubedingungen zeigt die relative Überlegenheit der Hybridroggensorte Palazzo (Abb. 30). Es wird auch deutlich, dass der relative Ertragsunterschied zwischen der bewässerten und der unbe-

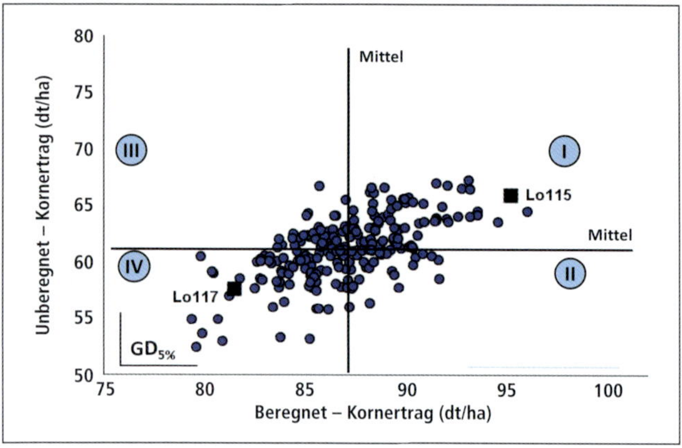

Abb. 29: *Kornertrag einer Kreuzungspopulation mit 220 Nachkommen und den beiden Eltern in der bewässerten und unbewässerten Variante, gemittelt über vier Umwelten; GD 5 % = Grenzdifferenz bei 5 % Irrtumswahrscheinlichkeit*

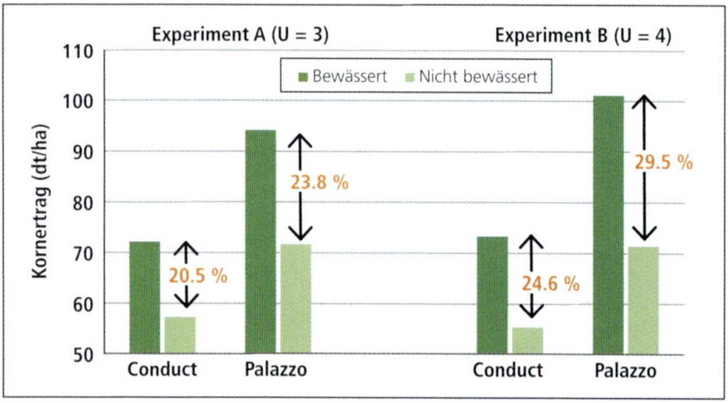

Abb. 30: *Differenz im Kornertrag zwischen bewässerter und nicht bewässerter Variante von je einer Populationssorte (Conduct) und einer Hybridsorte (Palazzo) in zwei Experimenten (U, Anzahl der Orte x Jahr-Kombinationen)*

wässerten Variante bei Conduct zwar geringer als bei Palazzo ist, absolut gesehen liefert aber Palazzo selbst bei Wassermangel in beiden Experimenten noch 14 bis 16 dt/ha mehr als Conduct! Die Hybridsorte ist also auch bei starkem Trockenstress besser als die Populationssorte.

Fazit: Roggen ist bereits heute gut auf Trockenstress vorbereitet; er hält gerade auf leichten Böden deutlich länger durch als Weizen. Es gibt in den modernen Züchtungspopulationen bereits jetzt Nachkommen, die noch besser auf Trockenstress vorbereitet sind als andere. Dabei sind die Genotypen am wertvollsten, die unter beiden Bedingungen überdurchschnittliche Erträge liefern. Die Hybridsorte hatte auch bei massivem Trockenstress einen deutlich höheren Kornertrag als die Populationssorte.

3.5 Deckungsbeiträge wie beim Weizen?!

Die zentrale Herausforderung für jeden Landwirt ist es, die Fruchtarten, die an seinen Produktionszweig und Standort angepasst sind, so anzubauen, dass dauerhaft ein ökonomisch sinnvolles Ergebnis entsteht. Bei Roggen liegt dabei immer der Vergleich mit Weizen nahe, weil beide Getreidearten ähnliche Verwendungszwecke haben (Backen, Füttern). Bei Weizen ist weitgehend unabhängig vom allgemeinen Preisniveau immer mit einem höheren Erzeugerpreis zu rechnen (s. Tab. 1). Dies muss der Roggenanbau durch höhere Produktivität bzw. geringeren Betriebsmitteleinsatz ausgleichen, um konkurrenzfähig zu bleiben. Dabei sind vor allem folgende Faktoren monetär zu bewerten, die natürlich in Wechselwirkung miteinander stehen:

- Standort: leichte/mittlere/schwere Böden
- Sortentyp: Populations-/Hybridsorte
- Pflanzenschutzintensität: resistente/anfällige Sorte

Bezüglich des **Standortes** ist aus dem bereits eingangs Gesagten klar, dass Roggen auf leichten Böden deutlich produktiver ist als Weizen. Auf sandigen Böden mit Sommertrockenheit gibt es zu Roggen keine Alternative, sodass sich vergleichende Berechnungen erübrigen. Spannend wird es dort, wo Roggen und Weizen gleichermaßen angebaut werden können. Aus den Ertragsverläufen der Abbildung 1 ergibt sich, dass Hybridroggen auf mittleren Böden eine Ertragserwartung von 80 dt/ha hat, während Winterweizen hier nur auf 70 dt/ha kommt. Auf einem Standort mit einem Weizenertrag von 80 dt/ha liefert Hybridroggen immer noch 6 dt/ha mehr Kornertrag. Deshalb ist es interessant, für solche Fälle eine Deckungsbeitragsberechnung vorzunehmen (Tab. 14). Der Saatgutpreis von Hybridroggen ist zwar höher als der von Weizen, dafür sind die Aufwendungen für Dünger und Pflanzenschutz deutlich geringer, was unterm Strich bei den angegebenen Kornerträgen zu einem höheren Deckungsbeitrag führt. Hier kann also der Hybridroggen durch seine höhere Produktivität auf leichteren Böden die Differenz im Erzeugerpreis ausgleichen. Bei einer höheren Ertragserwartung von 80 dt/ha entsteht bei Hybridroggen immer noch ein kleiner Vorteil im Deckungsbeitrag. Würde man als Vergleich eine resistente Hybridroggensorte anbauen, die nur einen geringen Pflanzenschutzmittelbedarf hat, läge der Deckungsbeitrag bei Hybridroggen mit 1.035 €/ha deutlich höher als bei Winterweizen. Erst bei einem Ertragspotenzial des Weizens von über 90 dt/ha fällt die Rechnung zugunsten des Winterweizens aus.

Tab. 14: Deckungsbeitragsberechnung von Winterweizen (A-Qualität) und Hybridroggen (Backroggen) für zwei Szenarien (Berechnung LfL Agrarökonomie, 2012)[1]

Ertragspotenzial		Mittel		Hoch	
Erträge und Preise		Winterweizen	Hybridroggen	Winterweizen	Hybridroggen
Kornertrag	**dt/ha**	**70**	**80**	**80**	**86**
Erzeugerpreis	€/dt	23,1	21,1	23,1	21,0
Leistungen					
Summe Leistungen	**€/ha**	**1617,0**	**1659,0**	**1848,0**	**1813,7**
Variable Kosten					
Saatgut	€/ha	76,5	111,0	76,5	111,0
Dünger	€/ha	311,3	284,5	350,5	303,7
Pflanzenschutz	€/ha	147,7	114,3	147,7	114,3
Variable Maschinenkosten	€/ha	251,2	248,4	252,6	249,2
Hagelversicherung	€/ha	28,3	23,3	32,4	25,4
Summe variable Kosten	**€/ha**	**815,0**	**781,5**	**859,7**	**803,6**
Deckungsbeitrag	**€/ha**	**802,0**	**905,7**	**988,3**	**1010,1**

[1] Allgemeine Annahmen: 5 ha Schlaggröße, Feldarbeitsbedarf 6 AKh/ha, keine Strohbergung, mittlerer Pflanzenschutzbedarf, ohne MwSt.

Der **Sortentyp** fällt ökonomisch vor allem durch den höheren Saatgutpreis für Hybridsorten ins Gewicht: 48 €/ha für Populations-, 111 €/ha für Hybridroggen (2012); dabei ist eine geringere Saatstärke bei Hybridroggen bereits berücksichtigt. Der höhere Preis für Hybridsorten ist einmal durch den wesentlich höheren züchterischen Aufwand bedingt, der sich aus der intensiven Bearbeitung von zwei Genpools, die zeitaufwendige Einlagerung der Mutterkomponente in die CMS-Form sowie die kostspielige Prüfung der Kombinationsfähigkeit (s. Kap. 2.2) ergibt. Zum

anderen ist die Herstellung von Hybridsaatgut produktionstechnisch aufwendiger (s. Abb. 11) als die einfache Vermehrung einer Populationssorte. So werden für eine Vorstufenvermehrung bei Hybridroggen vier Isolierungen benötigt, beim Populationsroggen ist es immer nur eine. Beim Hybridroggen müssen die Abstände zum nächstgelegenen Roggenbestand aus Sicherheitsgründen (Einstäubung fremden Pollens) so groß sein, dass eine Vorstufen- und Basissaatgutproduktion gar nicht in Deutschland stattfinden kann, sondern nur im Ausland, was wiederum erhöhte Kosten verursacht. Die gesetzlich vorgeschriebenen 1.000 Meter Mindestabstand genügen für diese Ansprüche nicht. Populationsroggen dagegen kann bei Einhaltung dieses Abstandes problemlos in Deutschland vermehrt werden.
Bundesweit bringen Hybridsorten gegenüber Populationssorten 15 bis 20 Prozent Mehrertrag. Dieser Mehrertrag der Hybriden kompensiert nicht nur die höheren Kosten für das Hybridsaatgut, sondern es sind, in Abhängigkeit vom Marktpreis, auch Mehrerlöse zu erzielen. Die Tabelle 15 zeigt diesen Mehrerlös unter Berücksichtigung der um 60 €/ha höheren Saatgutkosten für Hybridsaatgut.

Tab. 15: Mehrerlös beim Anbau von Hybridroggen in Abhängigkeit vom Mehrertrag gegenüber Populationsroggen und Marktpreis

Mehrertrag	Mehrerlös (€/ha) bei Marktpreis von …			
	15 €	**20 €**	**25 €**	**30 €**
5 dt/ha	15	40	65	90
10 dt/ha	90	140	190	240
15 dt/ha	165	240	315	390

Natürlich hängt der Unterschied zwischen dem ökonomischen Ertrag von Populations- und Hybridsorten stark vom Erzeugerpreis ab (Abb. 31). Derzeit würde sich der Anbau einer Hybridsorte bei einer Ertragserwartung der Hybridsorte von 40 dt/ha lohnen. Sinkt der Preis auf 17,24 € (mit MwSt.), müsste die Hybridsorte aber mindestens 45 dt/ha dreschen, um gegenüber der Populationssorte rentabel zu sein.

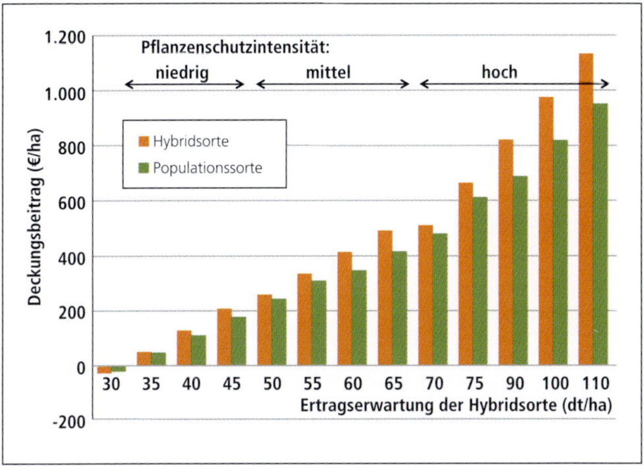

Abb. 31: *Deckungsbeitragsberechnung von Populations- und Hybridsorten von Roggen in Abhängigkeit von der Ertragserwartung; Annahme: Ertragsunterschied 15 %, Erzeugerpreis 20,03 €/dt, ohne MwSt., sonst wie Tab. 14 (LfL Agrarökonomie, 2013)*

Die Pflanzenschutzintensität ist bei Roggen geringer als bei Weizen (Tab. 16), selbst wenn eine krankheitsanfällige Hybridroggensorte angebaut wird. Dies zeigt sich vor allem bei den Fungiziden. Der Wachstumsreglereinsatz ist bei Roggen allerdings intensiver als bei einem üblichen Kurzstrohweizen. Durch Anbau eines resistenten und standfesten Hybridroggens lassen sich gegenüber Weizen rund 92 €/ha und durch einen anfälligen Hybridroggen immer noch 21 €/ha einsparen, die für den Landwirt unmittelbar in den Deckungsbeitrag einfließen. Ganz vermeiden lassen sich die Wachstumsregler und Fungizide bei Roggen aber auch bei resistenten Sorten nicht, da eine einmalige Anwendung praktisch immer einen wirtschaftlichen Vorteil bringt.

Tab. 16: Kosten für den Pflanzenschutz- und Wachstumsreglereinsatz bei einem anfälligen Winterweizen bzw. Hybridroggen im Vergleich zu einem resistenten und standfesten Hybridroggen (Ertragsniveau 90 dt/ha; Berechnung LfL Agrarökonomie, 2012)

Behandlungsmaßnahme	Winterweizen	Hybridroggen	
	anfällig	anfällig	resistent
Pflanzenschutz:			
Herbizide	73,47	77,41	77,41
Fungizide	131,20	70,85	23,62
Insektizide u. Sonstige	17,06	14,43	14,43
Wachstumsregler	3,94	41,98	18,37
Gesamt	**225,67**	**204,67**	**133,83**

Die hier dargestellten Deckungsbeitragsrechnungen gelten unter der Annahme, dass der Landwirt keine Einbußen für einen erhöhten Mutterkornbefall hinnehmen muss. Die aufnehmende Hand veranschlagt hier je nach Stärke des Befalls Preisabschläge von 1 bis 7 €/dt mit der Folge, dass die Attraktivität des Roggenanbaues dadurch erheblich gemindert wird.

Zusammenfassend bleibt festzuhalten, dass auf leichten bis mittleren Böden Roggen mindestens denselben Deckungsbeitrag wie Weizen liefern kann. Dies gilt vor allem beim Anbau einer gesunden, halmstabilen und ertragsstarken Hybridsorte wie etwa Brasetto, Guttino, Palazzo, SU Mephisto oder SU Santini (s. Tab. 5). Bei geringem Erzeugerpreis kann sich auf sehr leichten Böden auch eine Populationssorte empfehlen.

4. Verwertung – qualitativ hochwertig

4.1 Mahl- und Backqualität

Rund ein Viertel der Roggenernte wird jährlich zum Backen verwendet. Dieser Wert bleibt über die Jahre konstant, da sich die Verzehrgewohnheiten kaum ändern. In Nord- und Ostdeutschland bevorzugt man reines Roggenbrot, in Süddeutschland und Österreich eher Mischbrote. Gesetzlich festgelegt sind die im Kasten genannten Bezeichnungen.

- **Roggenbrot** („Graubrot") ist ein mit mindestens 90 Prozent Roggenmehl hergestelltes Brot
- **Roggenmischbrot** besteht aus 51 bis 89 Prozent Roggenmehl
- **Weizenmischbrot** enthält dementsprechend 51 bis 89 Prozent Weizenmehl
- **Mischbrot** ist ein Brot mit einem 1:1-Mischungsverhältnis von Roggen und Weizen
- **Pumpernickel** („Schwarzbrot") wird aus mindestens 90 Prozent Vollkornerzeugnissen, meist mit Roggenschrot, in beliebigem Verhältnis zueinander hergestellt

Mit zunehmendem Roggenanteil im Brot erhält man eine längere Frischhaltung und einen kräftigeren Geschmack. Ein höherer Weizenanteil ergibt ein Brot mit größerer Lockerung und milderem Geschmack.

Alle Brote mit hohem Roggenanteil erhalten ihre Backfähigkeit erst durch eine Säuerung mittels Sauerteigführung, da

Abb. 32: *Eine noch größere Vielfalt des Roggenbrotes als in Deutschland gibt es in Finnland* *(Foto: Wikipedia)*

Roggenmehl eine hohe Menge stärkeabbauender Enzyme (Amylasen) enthält. Ohne Säuerung würden die Enzyme so viel Stärke abbauen, dass kein Teiggerüst und somit auch keine Krume gebildet werden könnte. Deutlich wichtiger als bei Weizen sind deshalb die Verkleisterungseigenschaften der Stärke. Ein weiterer Grund für die veränderte Backfähigkeit gegenüber Weizenmehl ist die Tatsache, dass im Teig nicht Klebereiweiße, sondern Quellstoffe für die Backfähigkeit verantwortlich sind, die aus Pentosanen, Schleimstoffen und Glucanen bestehen. Diese Nicht-Stärke-Polysaccharide (NSP) sind wichtig für das Wasserbindungs- und Wasserhaltungsvermögen der Mehle während der Teigführung und des Backvorgangs. Das Verhältnis von Quellstoffen zur Stärke sollte 1:16 betragen. Der Proteingehalt liegt zwischen 9 und 11 Prozent und hat keinen

Einfluss auf die Backfähigkeit des Mehls. Deshalb kann die N-Spätdüngung auch geringer ausfallen als bei Weizen.

Äußere Qualitäten

Hektolitergewicht ≥ 71 kg	Kornbesatz ≤ 1,5 %
Feuchtigkeitsgehalt ≤ 14 %	Schwarzbesatz ≤ 0,5 %,
Bruchkorngehalt ≤ 2 %	– davon Mutterkorn ≤ 0,05 %
Auswuchs ≤ 1,0 %	Fusarium-Körner < 1 %

Die Qualität einer Partie, die der Landwirt abliefert, wird vor allem mit äußeren Kriterien bewertet (s. Kasten): hohes Hektolitergewicht bzw. hohe Tausendkornmasse (TKM), kein Bruchkorn, keine Fremdstoffe, weitgehende Freiheit von Mutterkorn und sichbar mit *Fusarium* befallenen Körnern. Eine späte N-Düngung unterstützt, wie auch beim Weizen, die Korngröße. Freiheit von Mutterkorn kann jeder Landwirt selbst in seiner Partie beurteilen, 0,05 Prozent dunkler Sklerotien (d. h. 0,5 g je kg Erntegut) ist der Grenzwert für die Verwendung als Lebensmittel, 0,1 Prozent als Futtermittel. Der Mutterkorngehalt hängt in erster Linie vom Wetter zur Blüte ab (feuchte Witterung!), dann von pflanzenbaulichen Faktoren (gleichmäßige Bestände, keine Nachschosser!) und von der Pollenschüttung der Sorte (s. Kap. 3.3).
Für die **Mahlqualität** spielen vor allem Hektolitergewicht und Tausendkornmasse eine Rolle, weil der Müller aus großkörnigem, möglichst bauchigem Roggen höhere Mehlausbeuten gewinnt. Generell ist Roggen kleinkörniger als Weizen, deshalb ist dieses Zuchtziel eine ständige Herausforderung. Hektolitergewichte variieren in der Praxis von 63 bis 80 kg, Werte unter 68 kg lassen meist auf eine schlechte Kornausbildung schließen. Für konventionell erzeugten Roggen nennen die Anbauverträge mehrheitlich einen Mindestwert von 71 kg.

Roggen und Gesundheit

Roggen enthält einen hohen Rohfasergehalt, speziell Arabinoxylane und Lignane, die wichtige Ballaststoffe darstellen. Sie passieren unversehrt den Magen und werden im Darm nur langsam von Bakterien aufgeschlossen. Zusammen mit den hohen Fruktangehalten und kleineren Anteilen an β-Glucanen fördern sie die Darmtätigkeit und beugen Verstopfung vor. Sie schützen auch vor Infektionen und senken das Risiko von Herzkreislauferkrankungen. Daneben besitzt Roggen phenolische Verbindungen, Lignane, Alkylresorcinole und andere bioaktive Verbindungen.

Skandinavische Studien zeigten, dass sich Vollkornprodukte auf Roggenbasis regulierend auf den Blutzuckerspiegel und den Appetit auswirken. Sie sättigen rascher als solche aus Weißmehl, weil sie im Magen Wasser binden, aufquellen und dadurch schneller satt machen. Damit beugen sie der Entstehung von Übergewicht vor. Sie regulieren den Cholesterinspiegel und senken den Blutdruck. Das Risiko, an Typ-2-Diabetes oder Herzkrankheiten zu erkranken, soll sich verringern.

Dank seines hohen Kohlenhydratanteils ist Roggen ein hochwertiges, energiereiches Lebensmittel für Ausdauersportler. Menschen, die an Zöliakie leiden, vertragen Roggen jedoch ebenso wenig wie Weizen, weil auch er Glutene enthält.

Die Mehlausbeute selbst hat eine geringere Bedeutung als bei Weizen, weil Roggen in der Praxis meist ohnehin ziemlich stark ausgemahlen wird und auch die Sortenunterschiede kleiner sind als bei Weizen. Sie sollte über 80 Prozent bei Type 997 liegen. Diese Mehltype gibt an, wie viel Mineralstoffe (in mg aus 100 g) ein Mehl enthält (Tab. 17).

Tab. 17: Mahlerzeugnisse aus Roggen nach DIN-Norm und deren Anteil am Gesamtverbrauch (Quelle: GMF/Verband Deutscher Mühlen 2006)

Mahlerzeugnis	Type	Mineralstoffgehalt in g je 100 g Trockenmasse		Anteil (%)
		Mindestwert	Höchstwert	
Mehl	815	–	0,90	3,4
	997	0,91	1,10	21,3
	1150	1,11	1,30	42,6
	1370	1,31	1,60	8,1
	1740	1,61	1,80	1,7
Backschrot	1800	–	2,20	9,3
Vollkornmehl/-schrot*)		Keine Typenbezeichnung		13,6

*) Vollkornmehl und -schrot müssen die gesamten Bestandteile der gereinigten Körner einschließlich des Keimlings enthalten

Bei Roggen sind Vollkornschrote in Deutschland beliebt. Sie enthalten die gesamten Bestandteile der gereinigten Körner einschließlich des Keimlings und sind deshalb am gesündesten. Beim Roggen-Backschrot (Type 1800) ist ebenfalls noch alles drin – mit Ausnahme des Keimlings. Roggenmehle der Type 1370 oder 1740 sind kaum im Handel, sondern typische „Bäckermehle". Daraus werden Roggen- und Roggenmischbrote, meist mit Sauerteig, gebacken. Die Typen 1150 bzw. 997 sind von den Backeigenschaften her sehr ähnlich und werden für Mischbrote verwendet. Die hellste Type heißt bei Roggen 815, wird aber nur in kleinen Mengen für die selteneren hellen Roggenbrote im Süden Deutschlands hergestellt.

Die **Backqualität** ist schwieriger zu beschreiben. Sie ist aber nur dann erreichbar, wenn die Stärke nicht durch Auswuchs geschädigt oder bereits teilweise abgebaut ist. Das Max-Rubner-

> **Innere Qualitäten**
> Fallzahl: > 150 Sekunden
> Amylogramm: > 500 AE
> DON-Gehalt: < 1,25 mg/kg
> ZEA-Gehalt < 0,1 mg/kg

Institut (MRI, Detmold), und damit das Bundessortenamt, bestimmt vier Merkmale: Fallzahl, Rohproteingehalt und das Amylogramm mit seinen Fixpunkten Viskosität (Amylogrammeinheiten, AE) und Temperatur (°C) im Verkleisterungsmaximum. Von *Fusarium*-Arten gebildete Mykotoxine, v. a. Deoxynivalenol (DON) und Zearalenon (ZEA), enthält Roggen in der Regel in geringerem Maße als Weizen, sodass die EU-Vorgaben selten ein Problem darstellen. Bei Vertragsanbau müssen solche inneren Qualitäten vom Landwirt garantiert werden.

Die **Fallzahl (nach Hagberg-Perten)** beschreibt das Auswuchsverhalten einer Roggenpartie. Auswuchs spielt beim Roggen, im Gegensatz zu den anderen Getreidearten, deshalb eine so große Rolle, weil er nur eine geringe Keimruhe besitzt. In feuchten Sommern beginnt deshalb das Korn bereits auf der Ähre wieder mit dem Auskeimen. Im schlimmsten Fall sind dann nach der Ernte die gekeimten Roggenkörner in der Partie sichtbar. Mehr als 1 Prozent sichtbarer Auswuchs werden bei der Abnahme nicht toleriert, eine solche Partie hat ihre Backfähigkeit verloren. Der Auswuchs beginnt aber unsichtbar schon früher mit der erhöhten Aktivität der α-Amylase, eines Enzyms, das bei beginnender Keimung Stärke zu Zucker spaltet, um den Keimling zu versorgen. Diese Phase des unsichtbaren Auswuchses beeinträchtigt bereits die Backfähigkeit und kann mit der Bestimmung der Fallzahl festgestellt werden, weil sich durch den Stärkeabbau Viskosität und Verkleisterungseigenschaften verschlechtern.

Bei der Fallzahlmessung (Abb. 34) wird ein Schrot-Wasser-Gemisch in einem kochenden Wasserbad auf über 90 °C erhitzt und die Viskosität (Zähflüssigkeit) der verkleisterten Suspension bestimmt. Das Messergebnis ist jene Zeit in Sekunden, die ein fallender Rührstab benötigt, um eine bestimmte Wegstrecke durch diese Suspension zurückzulegen. Je größer die Amylaseaktivität bereits im Korn ist, umso dünnflüssiger wird die Suspension, der Stab sinkt rasch ein, die Fallzahl ist niedrig und der Auswuchs bereits fortgeschritten. Sehr niedrige Fallzahlen von 62 bis 100 Sekunden weisen deshalb auf hohe Enzymaktivitäten und Auswuchs von über 2 Prozent hin. Dies bedeutet eine Verminderung der Mahlfähigkeit und der Teigausbeute sowie mangelhaft maschinentaugliche Teige, eine geringe Krumenelastizität der Brote und insgesamt ein unbefriedigendes Aussehen der Gebäcke. Die Schwankungsbreite liegt zwischen 62 bis 390 Sekunden, warme und trockene Abreifebedingungen führen zu hohen Werten (Tab. 18).

Tab. 18: Fallzahl und Backfähigkeit von Roggen (nach Völkel 1999)

Fallzahl (Sek.)	Einstufung	Backqualität
62 – 80	extrem niedrig	keine Backfähigkeit: starker Auswuchs
81 – 100	niedrig bis gering	Auswuchsschädigung, sehr enzymreich
101 – 120	normal bis niedrig	kein direkter Auswuchs, enzymreich
121 – 150	normal bis gut	Optimalbereich
151 – 180	erhöht, noch gut	etwas enzymarm
181 – 220	hoch, eingeschränkt	enzymarm, sperrig, Hilfsmittel bzw. längere Sauerteigführung erforderlich
> 220	extrem hoch, sehr eingeschränkt	sehr enzymarm, Hilfsmittel bzw. längere Sauerteigführung erforderlich

Meist wird von den Abnehmern ein Wert von mindestens 120 Sekunden verlangt. Zu hohe Fallzahlen erfordern wiederum spezielle Behandlungen des Mehls, etwa den Zusatz von Malz oder Fremd-Enzymen. Die Fallzahl wird wesentlich von der Witterung zur Ernte und der Sorte bestimmt, pflanzenbaulich kann sie zusätzlich durch gute Standfestigkeit und frühzeitige Ernte beeinflusst werden. Sorten mit hoher Fallzahl bringen auch bei feuchter Abreifewitterung meist noch akzeptable Qualitäten („Schlechtwettertoleranz", Abb. 33). Durch Züchtung wurde in den letzten Jahren die Fallzahl deutlich verbessert. Während noch vor fünfzehn Jahren die Sorten mit APS (Ausprägungsstufe) 6 den größten Anteil der Anbaufläche einnahmen, sind es heute Sorten mit APS 7. Dies bedeutet für den Landwirt zunächst eine größere Sicherheit des Roggenanbaus (Abb. 33). So schaffte es im kritischen Jahr 2005 nur die Sorte mit APS 7, eine ausreichende Qualität zu produzieren. Die Sorte mit APS 4 lag in drei von sechs Jahren unter oder an der Verarbeitungsgrenze von 120 Sekunden.

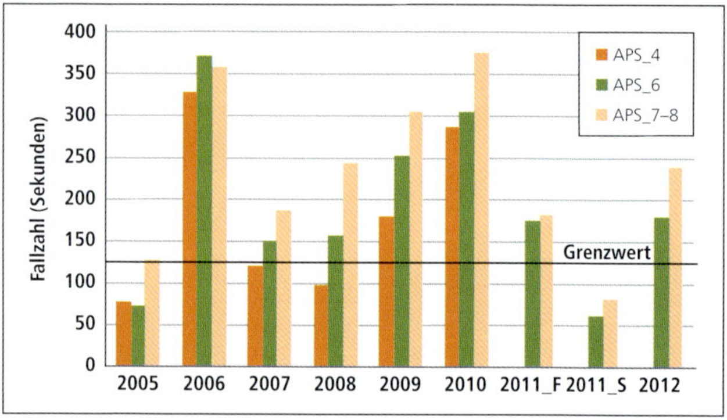

Abb. 33: *Fallzahl-Werte von je einer Sorte mit APS 4, 6 bzw. 7–8 in den letzten acht Jahren; 2011 wird unterschieden nach früher (F) bzw. später (S) Ernte (Quelle: LSV Niedersachsen 2005–2012)*

Abb. 34: *Gerät zur Messung der Fallzahl mit Probengefäßen*

Bei ungünstiger, regnerischer Witterung ist ein früher Erntetermin anzustreben, um noch eine ausreichende Fallzahl zu erzielen, wie das Beispiel des Jahres 2011 in Niedersachsen zeigt (Abb. 33). Bei früher Ernte (F) wurden hier noch gute Fallzahlen erreicht, bei später Ernte (S) – nach einer Regenperiode – war selbst die beste Sorte schon unter 100 Sekunden. Deutlich wird auch, dass im gezeigten Zeitraum nur in wenigen Jahren die sortenbedinge Auswuchsfestigkeit gefragt war. Mit Ausnahme des Jahres 2005 reichte bei optimalem Erntetermin eine APS von 6 in jedem Jahr aus, um die Backfähigkeit sicherzustellen.

Das **Rohprotein** (Eiweißgehalt) spielt bei Roggen eine wesentlich geringere Rolle als bei Weizen, da die Klebereiweiße nicht zum Backen gebraucht werden. Im Gegenteil, höhere Eiweißgehalte sind sogar unerwünscht, backtechnisch günstig sind Werte von 9 bis 11 Prozent. Überhöhte Eiweißgehalte beeinträchtigen bei vergleichbarem Aschegehalt die Mehlausbeute und mindern die Qualität der Pentosane. Hohe Erträge sind meist mit geringerem Proteingehalt verknüpft, Hybridsorten zeigen niedrigere Eiweißwerte als Populationssorten.

Das **Schrot-Amylogramm (nach Brabender)** simuliert den Backprozess besser als die Fallzahlmethode, es gibt Aufschluss über die Verkleisterungseigenschaften bzw. das zu erwartende Backverhalten des Roggenmehls. Es werden die Veränderungen der Viskosität (Zähflüssigkeit) einer Schrot-Wasser-Suspension während kontinuierlicher Aufheizung festgestellt. Der beim Rühren auftretende Widerstand wird gemessen und als Kurve aufgezeichnet (Abb. 35). Zwei Kennwerte werden abgelesen: die Viskosität und die Temperatur im Verkleisterungsmaximum. Hohe Fallzahlen sind tendenziell mit hohen Viskositäten und hohen Verkleisterungstemperaturen gekoppelt, die Beziehungen sind allerdings nicht linear und auch von Jahr zu Jahr verschieden. Im Durchschnitt beträgt die maximale Viskosität das 2,9- bis 4,5-Fache der Fallzahl.

Verkleistung(Viskositäts)maximum: Unter Einschluss von Extremen kann das Viskositätsmaximum zwischen 300 und 2.400 Amylogramm-Einheiten (AE) variieren, die meisten Anbauverträge enthalten als Untergrenze 500 AE (Abb. 35). Diese Marke wird je nach Sorte mit Fallzahlen von durchschnittlich 120–170 Sekunden erreicht. Als backtechnisch günstig haben

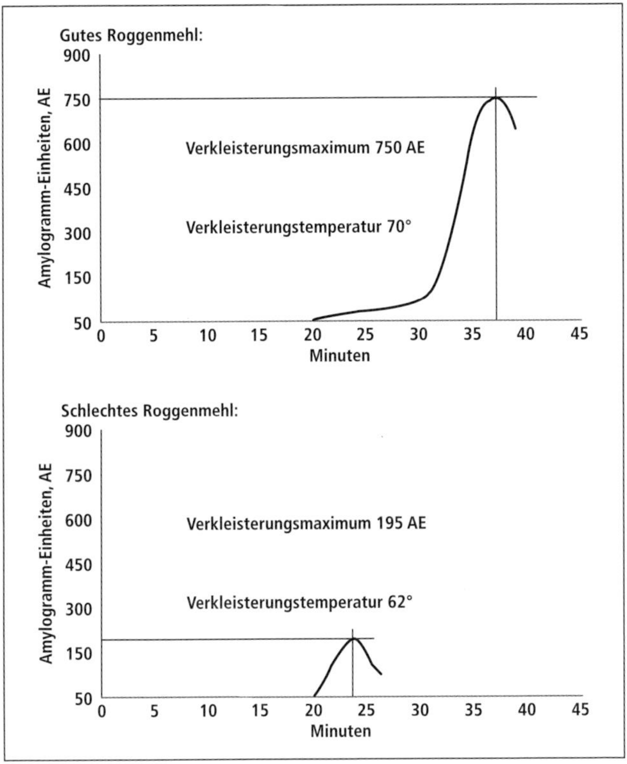

Abb. 35: *Amylogramm-Kurven für ein gutes bzw. schlechtes Roggenmehl mit den zwei wichtigen Merkmalen Verkleisterungsmaximum und -temperatur (AGES 2012)*

sich Viskositätsmaxima von 600–800 AE erwiesen, niedrigere Werte (unter 250 AE) deuten auf Auswuchsschädigung und schlechtes Backverhalten hin. Sehr hohe Werte von über 1.000 AE sind wegen zu geringer Enzymaktivität ebenfalls weniger günstig, solche Roggen werden aber gerne als Mischungspartner verwendet.

Verkleisterungstemperatur: Je niedriger die Verkleisterungstemperatur ist, umso rascher wird Stärke abgebaut. Der Optimalbereich liegt bei 65 bis 69 °C, Werte unter 63 °C sind unerwünscht. Mehle mit einer Verkleisterungstemperatur von über 70 °C haben trockenbackende Eigenschaften (trockene Krume, Krumenrisse, rasche Brotalterung). Solche Partien sind aber ideal zur Aufbesserung schwächerer Roggen oder werden durch Zugabe von Mehlbehandlungsmitteln eingestellt.

Tabelle 19 zeigt die sortenbedingten Spannweiten für die wichtigsten Qualitätsmerkmale aus der österreichischen Wertprüfung, gemittelt über Orte und Jahre. Die angegebene Spannweite macht die großen Unterschiede zwischen den Sorten deutlich. Im Mittel liegen sie nahe bei den Optimumswerten, überschreiten diese sogar für die Amylogrammwerte.

Tab. 19: Optimalbereiche der Qualitätsmerkmale (eigene Daten), ihre Mittelwerte und genetische Variation im österreichischen Körnerroggensortiment bei 86 Prozent Trockensubstanz (Mehrjährige Mittel, AGES 2012)

Merkmal	Optimum	Mittel	Spannweite (min.–max.)
Tausendkornmasse (g)	> 30	31,2	26,8–33,5
Hektolitergewicht (kg)	72	72,9	69,8–75,0
Rohprotein (%)	9–11	10,8	8,5–13,1
Fallzahl (Sekunden)	120–150	195	62–245
A.-Viskositäts-maximum (AE)	500–800	900	540–1240
A.-Verkleisterungs-temperatur (°C)	65–69	71,7	64,3–76,9

Die Züchtung auf hohe Fallzahl war in den letzten Jahren sehr erfolgreich (Abb. 36). Im Gegensatz zu früher ist heute keine Roggensorte mit APS 4 mehr im breiten Anbau. Die drei am weitesten verbreiteten Hybridsorten zur Körnernutzung (Brasetto, Palazzo, Minello) besitzen für Fallzahl eine APS von 6 bis 7 und für Kornertrag eine APS von 7 bis 9 und sind damit in beiden Merkmalen überdurchschnittlich. Die verbreiteten Populationssorten Dukato und Conduct liegen bei APS 5 bis 6 für Fallzahl.

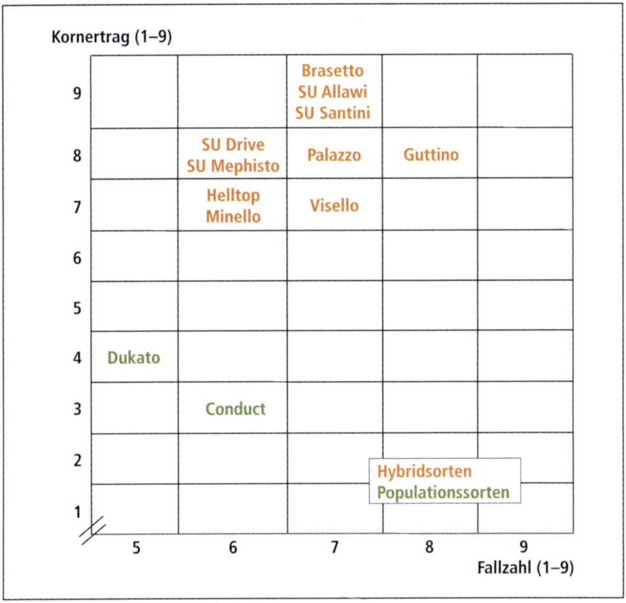

Abb. 36: *Ausprägungsstufen (APS) für Fallzahl und Kornertrag von weitverbreiteten (> 400 ha Vermehrungsfläche) bzw. neuen Roggensorten (BSL 2012)*

4.2 Hofeigenes Futter und Futtermischungen

Rund ein Drittel des erzeugten Roggens wird für Futter verwendet, ein Großteil davon im eigenen Betrieb, besonders verbreitet natürlich in Niedersachsen, Brandenburg und Mecklenburg-Vorpommern mit ihren hohen Flächenanteilen an Roggen. Der Anteil, der in die Mischfutterindustrie gelangt, wird im Wesentlich vom Preis bestimmt.

Der **energetische Futterwert** des Körnerroggens ist etwas niedriger als jener von Weizen, übertrifft jedoch deutlich die Gerste (Tab. 20). Er enthält, verglichen mit Gerste, relativ viel metabolisierte Energie (ME), aber wenig Protein. Der Anteil von essentiellen Aminosäuren korrespondiert mit dem der übrigen Getreidearten. Nur beim Methionin und Cystin liegt Roggen etwas niedriger, beim Lysin dagegen höher.

Tab. 20: Wichtige Inhaltsstoffe und Energiegehalte (DLG-Futterwerttabellen Rind und Schwein 2011, Kamphues 2004)

	Rohprotein (%)	Stärke (%)	Asche (%)	ß-Glucane (%)	Pentosane (%)		ME-Schwein (MJ/kg TS)	ME-Rind (MJ/kg TS)
					Ges.	Lösl.		
Roggen	9,9	62,7	2	1–5	6–12	2–5	15,5	13,3
Triticale	12,8	66,7	2–3	0,2–2	5–7		15,5	13,1
Weizen	12,1	66,2	0,5–1	0,2	4–7	0,5–2	15,7	13,4
Gerste	12,7	60,0	2–3	2–10	3–6	1	14,4	12,8

Roggen enthält deutlich höhere Gehalte an **Nicht-Stärke-Polysacchariden** (NSP, vor allem Pentosane und β-Glucane) als die anderen Getreidearten, der Pentosananteil beträgt 6

Tab. 21: Einsatzempfehlungen für Roggen in der Fütterung (DLG 2006)

Tierart	Roggenanteil im Futter bis zu ...%
Ferkel: bis 15 kg Lebendmasse (LM) ab 15 kg LM	 10 20
Mastschweine: 28-40 kg LM (Vormast) 40-60 kg LM (Anfangsmast) ab 60 kg LM (Mittel-, Endmast)	 30 50 50
Sauen	25
Kälberaufzuchtfutter	5–8
Mastrinder	20 (max. 1 kg/Tag)
Aufzuchtrinder, Milchkühe	40 (max. 1 kg/Tag)

bis 12 Prozent, davon sind 2 bis 5 Prozent löslich. Pentosane verursachen bei Jungtieren Leistungsstörungen, wenn zu hohe Anteile Roggen in der Tagesration enthalten sind. Ältere Tiere sind deutlich toleranter. Deshalb gibt die DLG Einsatzempfehlungen (Tab. 21). Demnach sollte Roggen je nach Tierart (Schweine, Rinder) und Fütterungsperiode 10 bis 50 Prozent in der Ration bzw. Kraftfuttermischung nicht überschreiten. Im Kälberaufzuchtfutter werden höchstens 8 Prozent Roggenanteil empfohlen. Bei zusätzlichem Triticale-Einsatz sollte in der Schweinefütterung der maximale Roggenanteil verringert werden, z. B. liegt bei 30 Prozent Triticale der maximale Roggenanteil bei 40 Prozent statt 50 Prozent in der Endmast. Geflügel ist besonders empfindlich. Bei Küken und Junggeflügel führen die Pentosane zu erhöhter Viskosität des Darminhaltes und schmierigem Kot. Deshalb sollten sie maximal 5 Prozent Roggen erhalten, dasselbe gilt für Mastputen, Enten und Mast-

gänse. Bei Junghennen kann der Roggenanteil bis 15 Prozent, bei Legehennen bis 20 Prozent betragen. Der Gehalt an Bitterstoffen und Alkylresorcinolen im Roggenkorn ist bei der Verfütterung unbedenklich.

Bei den **Schadstoffen** ist ein weitgehendes Fehlen von Mutterkornsklerotien Vorbedingung für den Einsatz als Futter, der Grenzwert liegt laut der Futtermittelverordnung bei 0,1 Prozent (= 1 g Mutterkorn je kg Roggen). Fusarium-Mykotoxine kommen bei Roggen in wesentlich geringerem Umfang vor als bei Weizen (s. Kap. 3.3). Es gelten laut EU dieselben Orientierungswerte, also für Schweine 0,9 mg Deoxynivalenol (DON)/kg Futter bzw. 0,1–0,25 mg Zearaleneon (ZEA)/kg, für Kälber (< 4 Monate) bzw. Rinder 2 bzw. 5 mg DON/kg und 0,5 mg ZEA/kg.

Derzeit gibt es keine nennenswerten **Züchtungsanstrengungen** zur Entwicklung eines speziellen Futterroggens. Das entscheidende Zuchtziel wäre hier eine geringe Viskosität, die mit geringeren Pentosangehalten einhergeht. Für deren Messung gibt es derzeit nur Schnellverfahren mit begrenzter Genauigkeit und sehr aufwendige Labortests mit hoher Präzision. Genetisch wäre eine Verbesserung der Futterqualität durchaus möglich. Nach polnischen Studien ist eine genetische Variation im Zuchtmaterial vorhanden. Auch der Proteingehalt, der zur Fütterung möglichst hoch sein sollte, zeigt eine genetische Variation von 8 bis 14 Prozent und erreicht damit immerhin durchschnittliche Weizenwerte. Da die Zuchtziele für Futterroggen aber denen für Backqualität widersprechen, gibt es derzeit in Deutschland keine eigenen Züchtungsprogramme für Futterqualität. Ähnlich wie bei Brau- und Futtergerste müssten dazu zwei unterschiedliche Programme durchgeführt werden. Dazu ist der Roggenmarkt aber im Moment zu begrenzt, um dies wirtschaftlich lohnend erscheinen zu lassen. Wenn in Zukunft eine Eichung

(Kalibration) für Viskosität bzw. den wasserlöslichen Pentosangehalt vorliegt, könnte eine einfache, billige Messung mit Nahinfrarot-Spektroskopie (NIRS) zu einem Umdenken führen.
Schon heute kann Futtergetreide kostengünstig mittels der NIRS auf einige seiner wertgebenden Rohnährstoffe untersucht werden. Dazu wird die Futterprobe zunächst im Trockenschrank bei 60 °C über Nacht getrocknet. Die Probe wird im NIRS-Gerät (Abb. 37) auf ihre Gehalte an Rohprotein, Rohfett, Rohfaser und Stärke analysiert. Aus diesen Rohnährstoffen wird der Energiegehalt abgeleitet und auf dem Prüfbericht als ME-Schwein, ME-Rind und NEL (Nettoenergieleistung) ausgewiesen. Das NIRS-Verfahren ist ein sehr schnelles und zuverlässiges Verfahren, das zudem den Vorteil hat, wesentlich kostengünstiger als die nasschemischen Verfahren zu sein, und kann in seiner neuesten Entwicklung auch am Ganzkorn durchgeführt werden.

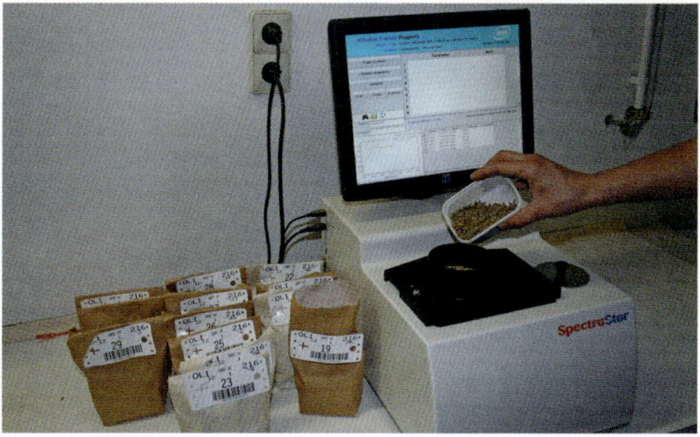

Abb. 37: *Modernes Nahinfrarot-Spektroskopie-(NIRS)-Gerät, das u. a. Wasser-, Protein-, Stärke-, Fett- und Fasergehalte bereits am Ganzkorn bestimmen kann*

Als **Fazit** gilt, dass Roggen einen nur leicht geringeren Futterwert hat als Weizen, aber einen viel höheren als Gerste. Eine Fütterung von bis zu 50 Prozent Roggen in der Schweinemast und bis zu 20 Prozent in der Rindermast ist problemlos möglich. In industriellen Futtermischungen kann deshalb Roggen anteilig gegen Weizen ausgetauscht werden. Für die Kälber-, Ferkel- und Geflügelmast ist Roggen dagegen nur in geringen Anteilen geeignet. Aktuell wird sehr viel weniger Roggen in der Verfütterung eingesetzt, als es diese Empfehlungen nahelegen. Dies bedeutet angesichts des gegenüber Weizen geringeren Preises, dass im Roggen noch erhebliche Potenziale der Wertschöpfung ungenutzt sind.

4.3 Ethanolgewinnung

Bioethanol wird derzeit dem Diesel zugemischt, um die CO_2-Bilanz günstiger zu gestalten. Roggen ist für die Ethanolherstellung gut geeignet, da er mit seinem gegenüber Weizen etwas höheren Schalenanteil und geringerem Proteingehalt sowie der höheren Enzymaktivität eine leicht zu verarbeitende Maische ergibt. Für die deutschen Bioethanolanlagen ist er deshalb der wichtigste Rohstoff. Die Zuchtziele sind im Wesentlichen dieselben wie bei Futterroggen, nur der **Rohproteingehalt** sollte möglichst gering sein, da er die Ethanolausbeute verringert. Mit jedem Prozent weniger Protein können 5 Liter Ethanol je Tonne Trockenmasse mehr gewonnen werden. Dies ist ein klarer Vorteil von Roggen gegenüber den proteinreicheren Weizen und Triticale.

Die Ethanolausbeute wird primär durch den **Stärkegehalt** bestimmt, die Korrelation liegt zwischen 0,6 und 0,8. Ein Stärkegehalt von mehr als 55 Prozent ist Voraussetzung für die Annahme bei den Bioethanolanlagen. Der Stärkegehalt steigt mit sinkendem Proteingehalt. In geringerem Maße beeinflusst auch die Stärkebeschaffenheit, vor allem der Anteil vergärbarer Stärke, die Ethanolausbeute. Die Bestimmung des Stärkegehalts für Ethanolroggen ist einfach und schnell mit NIRS möglich. Der Stärkegehalt zeigt im derzeitigen Sortiment deutliche genotypische Unterschiede, die Erblichkeit (Heritabilität) ist hoch. Es besteht auch ein Zusammenhang zwischen Stärkegehalt und TKM. Da TKM bzw. Hektolitergewicht einfach und mit hohen Heritabilitäten zu bestimmen sind, könnten leicht spezielle Sorten für die Ethanolgewinnung entwickelt werden. Das Erntegut sollte daneben möglichst enzymreich sein, um rasch die Vergärung in Gang zu setzen, aber keinen sichtbaren Auswuchs zeigen. Bei sehr enzymarmem Roggen müssen Fremdenzyme zugesetzt werden. Auch beim Ethanolgetreide haben hohe **Pentosangehalte** einen ungünstigen Einfluss. Sie bewirken eine dickflüssige Maische und vergären nur unvollständig. Sortenbedingte Unterschiede in der **Alkoholausbeute**, die über die Unterschiede der Inhaltsstoffe hinausgehen, konnten bisher nicht gefunden werden. Es können also alle Sorten, die die Mindestbedingungen erfüllen, verwendet werden. Da die Gärreste („Schlempe") als proteinreiches Futter verkauft werden und wesentlich zum Betriebsergebnis beitragen, gelten dieselben Grenzwerte für Schadstoffe wie bei Lebensmitteln.

Fazit: Ähnlich wie bei Weizen werden auch bei Roggen proteinarme, stärkereiche Sorten bzw. Partien benötigt, um hohe Ethanolausbeuten zu erzielen. Bedingt durch den niedrigeren Gehalt an Stärke (59 bis 65 Prozent Trockensubstanz) bei Roggen sind die Ethanolausbeuten (37 bis 43 l/dt Korntrockenmasse) etwas geringer als bei Weizen oder Triticale, der Roggen ist dagegen leichter zu verarbeiten. Wesentlich ist ein möglichst geringer Besatz an Mutterkornsklerotien und *Fusarium*-Mykotoxinen.

4.4 Biogassubstrat

Derzeit sind rund 7.500 Biogasanlagen mit gut 3.000 MW elektrischer Leistung in Deutschland in Betrieb. Dabei werden rund 70 Prozent des Biogassubstrates aus Mais gewonnen. Umso wichtiger ist es, Roggen zur Auflockerung reiner Maisfruchtfolgen zu nutzen. Dies gilt insbesondere, wenn sich der Maiswurzelbohrer in Zukunft weiter ausbreitet und in den Befallsgebieten nur noch in zwei von drei Jahren Mais angebaut werden darf. Weitere Schwachpunkte eines reinen Energiemais-Anbaus

Vorteile von Roggen gegenüber Mais
- Höhere Biomasseproduktivität auf schlechten Böden
- Geringerer Nährstoff- und Wasserbedarf
- Zuwachs auch bei kühlen Temperaturen
- Anbaurisiko wird verteilt
- Nur leicht geringere Gasausbeute

sind die schlechte Humusbilanz und die Erosionsgefährdung. Und schließlich kommt Roggen auch für Standorte infrage, wo der Maisanbau klimatisch an seine Grenzen stößt. Eine gute Roggen-Ganzpflanzensilage kann dort ähnlich hohe Erträge erzielen wie ein Mais, der auf Grenzstandorten angebaut wird.

Abb. 38: *Ernte von Roggen zur Ganzpflanzensilage (Silo-Roggen) zum Ende der Milchreife mit dem Versuchshäcksler*

Dies zeigt ein Vergleich von vier Standorten, auf denen mehrjährig Silomais, Populations- und Hybridroggen vergleichend angebaut wurden (Tab. 22). Forchheim in der Rheinebene ist dabei ein typischer Maisstandort mit hohem Wasserangebot. Angepasste Maissorten liefern hier Erträge, die von Roggen nicht erreichbar sind, dementsprechend sind die Produktionskosten bei Mais am günstigsten. Selbst in Döggingen am Fuße des Schwarzwaldes lieferte Mais noch deutlich mehr Trockenmasse. Auf den trockeneren Standorten in Thüringen und Sachsen hatte dagegen Roggen eine ähnliche Massenbildung wie Mais und war aufgrund geringerer pflanzenbaulicher Kosten das günstigste Substrat. In Iden (Sachsen) konnte Mais wegen Trockenheit, trotz guter Böden, im mehrjährigen Vergleich kaum das Ertragsniveau von Hybridroggen erreichen. Allerdings genügte beim Hybridroggen in diesen Versuchen der Ertragsunterschied zu Populationsroggen nicht, um die höheren Saatgutkosten auszugleichen. Eine Ursache ist, dass die Heterosis (s. Kap. 2.2) für Biomasse nur etwa halb so hoch ist wie für Kornertrag. Die Tabelle verdeutlicht, dass mit Roggen unter schlechten Standortbedingungen günstiger Biogassubstrat produziert werden kann als mit Mais.

Tab. 22: Trockenmasse-(TM-)Ertrag und Produktionskosten je Kubikmeter Methan (€) aus Silomais, Populations- und Hybridroggen in Abhängigkeit vom Standort (mehrjährige Daten, Westhues & Funke 2011)

Standort/ Bundesland	Niederschlag (mm)	Bodenpunkte	Silomais		Populationsroggen		Hybridroggen	
			TM-Ertrag	Kosten (€/m³)	TM-Ertrag	Kosten (€/m³)	TM-Ertrag	Kosten (€/m³)
Forchheim/ BW	855	33	213,0	0,15	119,8	0,24	111,5	0,28
Döggingen/ BW	820	37	191,4	0,16	153,5	0,19	146,5	0,22
Burkersdorf/TH	642	36	156,5	0,21	146,9	0,19	148,8	0,21
Iden/SA	485	65	140,5	0,26	134,3	0,22	142,7	0,23

Bei der Verwendung von Roggen als Biogassubstrat bieten sich generell zwei Möglichkeiten (Abb. 39):

- Grünroggen als Winterzwischenfrucht mit einem frühen Schnitt (April/Mai) und einer Nachfrucht zur Energiegewinnung (z. B. Energiemais)
- Roggen zur Silonutzung (Ganzpflanzensilage GPS) mit einem Schnitttermin zur späten Milch- oder frühen Teigreife.

Die Verwendung von Grünroggen mit einer nachfolgenden Energiefrucht (Abb. 39) ist nur bei ausreichendem Niederschlag bzw. gut speicherfähigen Böden möglich, erbringt dann aber maximale Trockenmasseerträge. Vor allem ist zu berücksichtigen, dass Grünroggen den Wasservorrat, der über Winter aufgebaut wird, erheblich beansprucht. Es ist also zur Aussaat der Sommerfrucht auf jeden Fall Niederschlag erforderlich. Außerdem sollten die Temperaturen eine ausreichende Massebildung des Maises ermöglichen. Die Ertragserwartung des Roggens

Abb. 39: *Beispiele für Energiefruchtfolgen mit Roggen in Abhängigkeit von Wasserversorgung und Standortgüte*

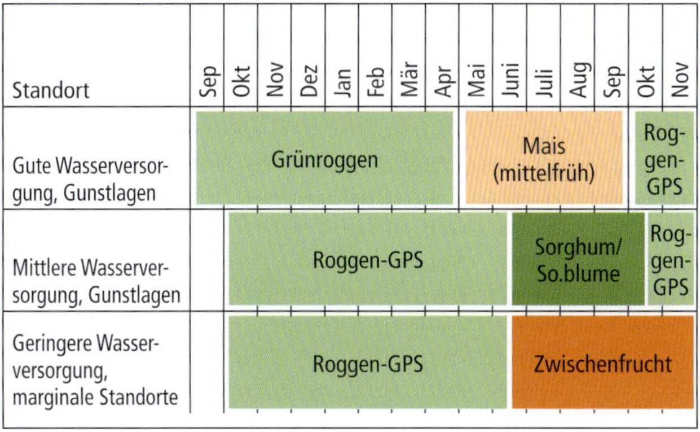

hängt wesentlich von seinem Erntetermin ab. Je später die Ernte erfolgt, umso mehr Masse liefert er, umso ungünstiger ist aber die Massenbildung der Sommerfrucht. Ein sehr früher Schnitt des Roggens Ende April ergibt je nach Leistungsfähigkeit des Standortes 4 bis 6 t TM/ha, ein späterer Schnitt zum Grannenspitzen 6 bis 10 t TM/ha. Dazu empfiehlt sich der Anbau von massereichen Grünroggensorten, die speziell für die frühe Futternutzung gezüchtet sind. Bei mittlerer Wasserversorgung, geringeren Frühjahrstemperaturen und/oder regelmäßiger Sommertrockenheit ist Roggen-Ganzpflanzensilage, gefolgt von Sonnenblumen oder Sorghum, eine Alternative (Abb. 39). Beide Sommerfrüchte sind sehr wassereffizient und variabel in ihrem Aussaattermin. Sorghum ist zudem aufgrund seines hohen Wärmebedarfs für eine spätere Aussaat sehr dankbar und bildet dann umso rascher Masse. Wenn nachfolgend eine Sommerfrucht angebaut werden soll, kann Sorghum auch bis in den November hinein stehen bleiben. Bei sehr ungünstiger Wasserversorgung oder auf marginalen Standorten empfiehlt sich Roggen-Ganzpflanzensilage als alleinige Energiefrucht, weil das Anbaurisiko dann geringer ist. Wenn der Schnitt des Roggens erst zur Milch-/Teigreife erfolgt, verdoppelt sich nämlich der Trockenmasse-Ertrag gegenüber Grünroggen ohne zusätzlichen Arbeitsaufwand. Danach sollte eine Zwischenfrucht angebaut werden, die auf dem Feld verbleibt. Der Aussaattermin der Zwischenfrucht kann variabel zur Niederschlagsversorgung gestaltet werden. Dadurch findet ein Humusaufbau statt und der Boden ist bis zur Pflugfurche im Winter oder einer Mulchsaat im Frühjahr ganzjährig bedeckt.

Aufgrund ihrer Frohwüchsigkeit im Frühjahr sind Grünroggensorten bei frühen Schnittterminen sogar Hybridsorten in der Trockenmassebildung überlegen (Abb. 40). Grünroggen ist sehr spätsaatverträglich, sodass er noch nach Mais angebaut werden kann. Er braucht dann allerdings auch eine höhere Aussaatstärke. Höhere Masseerträge liefert er aber bei einer frühen Aussaat im September. Zur Verwendung von Ganzpflanzensilage mit Siloroggen-Sorten sollte der Schnitt möglichst spät erfolgen, um die volle Trockenmassebildung auszunutzen, aber noch bevor die Lignifizierung des Halmes einsetzt. Bei spätem Schnitt muss der Landwirt allerdings die Standfestigkeit der Siloroggensorten eventuell durch Einsatz von Wachstumsreglern erhöhen, um Lager vorzubeugen.

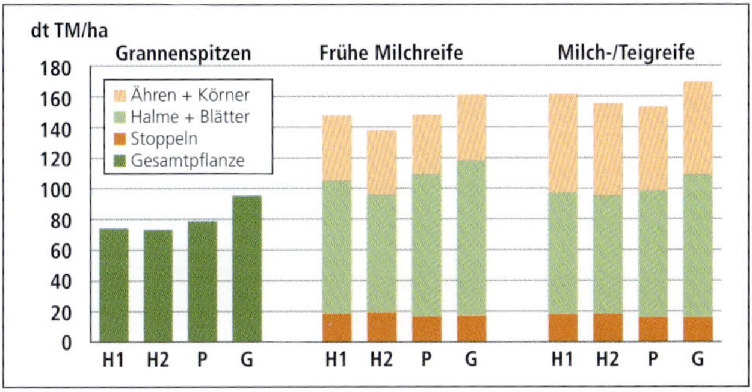

Abb. 40: *Trockenmasseerträge (bei 0 % Restfeuchte) von zwei Hybridsorten (H1, H2) und je einer Populations- (P) und Grünroggensorte (G) zu drei Schnittterminen, gemittelt über drei Umwelten*

Optimal ist eine Ernte zur späten Milchreife/frühen Teigreife (BBCH 77 bis 83), die Roggenkörner bilden dann schon einen wesentlichen Teil der Biomasse. Der Trockensubstanzgehalt sollte zwischen 32 und 35 Prozent liegen. Lignin kann von den methangasproduzierenden Bakterien nur schwer verwertet werden, bei einem TS-Gehalt von über 40 Prozent sinkt bereits die Biogasausbeute.

Die entscheidende Größe für den Landwirt, der Biogassubstrat produzieren will, ist der Methanertrag je Hektar. Dieser hängt im Wesentlichen von der Trockenmasseproduktion ab (Abb. 41), weil es nur geringe Unterschiede in der Gasausbeute und dem Methangehalt zwischen den Sorten gibt bzw. der Erfassungsfehler sehr hoch ist. Hybridsorten zeigten in Versuchen der Universität Hohenheim eine weite Spanne von 4.037 bis 4.812 m³ Methan/ha. Populations- und Grünroggensorten lagen sämtlich in der unteren Hälfte der Verteilung. Die besten Methanerträge von Hybridroggen entsprechen unteren Silomaisergebnissen, der in der Regel eine Spanne zwischen 4.600 und 8.500 m³ Methan/ha erreicht. Allerdings können die Methanerträge von Roggen auch unter trockeneren Bedingungen und auf schlechteren Böden produziert werden, als dies bei Mais möglich ist. Die Züchtung auf Biomasseproduktion erfordert andere Zuchtziele als die bisher genannten. Beim Grünroggen kommt es vor

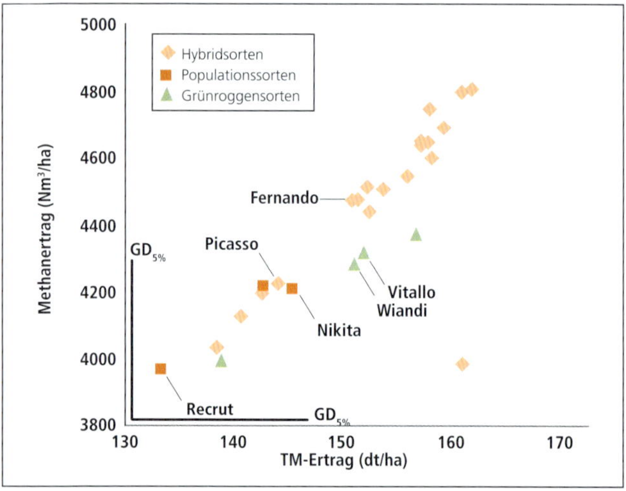

Abb. 41: *Zusammenhang zwischen Trockenmasse-(TM-)Ertrag (bei 0 % Restfeuchte) und Methanertrag von 18 Hybrid-, 3 Populations- und 4 Grünroggensorten*

allem auf die Frohwüchsigkeit nach Winter und seine Bestockungsfähigkeit an. Wegen der frühen Ernte zählt hier jeder Tag, den er früher mit dem Wachstum beginnt. Er braucht dann allerdings auch eine höhere Aussaatstärke. Höhere Masseerträge liefert er aber bei einer frühen Aussaat im September.

Zur Hauptnutzung von Roggen als Ganzpflanzensilage mit einer Ernte zur späten Milchreife (Ende Juni/Anfang Juli) spielt neben der maximalen Trockenmasseproduktion der Sorten die Standfestigkeit eine zentrale Rolle. Wegen des frühen Schnittzeitpunktes sind Krankheiten nur von untergeordneter Bedeutung.

Seit einigen Jahren werden vom Bundessortenamt Roggen- und Triticalesorten auf denselben Standorten geprüft (Abb. 42). Dabei zeigten sich deutliche Jahreseffekte. Im Trockenjahr 2011

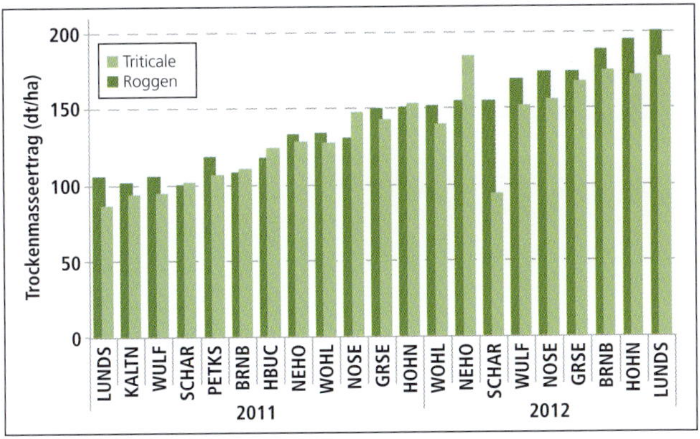

Abb. 42: *Trockenmasseertrag der jeweils besten Triticale- und Roggensorte in der Biomasse-Wertprüfung des Bundessortenamtes 2011 und 2012 (WP 2011–12); Standorte innerhalb des Jahres ansteigend nach ihrer Produktivität angeordnet*

wurden bei Roggen rund 40 dt Trockenmasse/ha weniger geerntet als 2012. Die beste Hybridroggensorte war der besten Triticalesorte in beiden Jahren überlegen, im Mittel über die Orte betrug der Unterschied 2011 3 dt/ha, 2012 sogar 15 dt/ha. Die starke Überlegenheit des Roggens 2012 war teilweise durch Auswinterungsschäden bei Triticale bedingt. Roggen hatte 2011 tendenziell an den weniger produktiven Standorten höhere Erträge als Triticale.

Auf dem besten Standort 2012, Lundsgaard (LUNDS)/Schleswig-Holstein, wurden mit Roggen sogar 200 dt/ha Trockenmasseertrag erzeugt und auch in Hohenheim (HOHN)/Baden-Württemberg wurde diese „Schallgrenze" nur knapp verfehlt. Dies ist ein ähnlicher oder sogar höherer Trockenmasseertrag, wie er bei der Prüfung von Mais auf schlechteren Standorten oder unter ungünstigen Bedingungen (Trockenheit) erzielt wird.

Fazit: Roggen eignet sich wegen seiner Flexibilität der Ernte und frühen Trockenmassebildung hervorragend zur Auflockerung von engen Maisfruchtfolgen bei der Bioenergiegewinnung. Es gibt sogar Hinweise, dass die Methanausbeute im Biogasreaktor steigt, wenn nicht nur Mais als Alleinfutter, sondern eine Mischung von Roggen und Mais eingesetzt wird. Auf trockeneren bzw. schlechteren Standorten kann Roggen als Hauptfrucht (Ganzpflanzensilage), gefolgt von Sonnenblumen oder Sorghum als Nachfrucht, mehr Trockenmasse liefern als alleiniger Maisanbau. Bei Niederschlägen > 800 mm bringt Grünroggen mit einem Schnitttermin Ende April und einem nachfolgenden Energiemais in der Summe unschlagbar hohe Trockenmasseerträge.

5. Zusammenfassung

Roggen ist auf leichten, sandigen, wenig ertragreichen Böden allen Getreidearten im Ertrag überlegen, Hybridroggensorten können bei den Landessortenversuchen noch bis zu einem Ertragsniveau von 95 dt/ha mit Weizen mithalten. In der Regel liefern sie dann sogar höhere Deckungsbeiträge, weil sie weniger Düngung und Pflanzenschutzaufwand benötigen.
Die **moderne Züchtung** stellt zahlreiche Populations- und Hybridsorten bereit. Dabei sind die Hybridsorten auf allen Standorten den Populationssorten im Ertrag um 15 bis 20 Prozent überlegen. Sie sind meist kürzer, mit hoher Tausendkornmasse und Fallzahl, einige haben inzwischen eine gute Braunrostresistenz. Aufgrund der aufwendigeren Züchtung und Saatgutproduktion ist Hybridsaatgut teurer. Bei den derzeit hohen Erzeugerpreisen lohnen Hybridsorten bereits ab einem Ertragsniveau von 30–40 dt/ha.
Aus Sicht des **Pflanzenbaues** ist Roggen eine robuste, stresstolerante Fruchtart, die in ihrer Nährstoffeffizienz, Trockenheitsverträglichkeit und Frosttoleranz allen anderen Getreidearten überlegen ist. Er kann auf allen Bodenarten angebaut werden und benötigt keine besonderen Anbauverfahren, oft steht er in der Fruchtfolge deshalb als abtragende Frucht oder nach sich selbst. Wichtig ist lediglich eine frühe Aussaat im Herbst mit einer geringen Saattiefe und die Vermeidung von Lager durch angepasste Düngung und Einsatz von Wachstumsregulatoren. Auch für den ökologischen Anbau eignet sich Roggen aufgrund seiner geringen Ansprüche, hohen Unkrautunterdrückung und **geringeren Krankheitsanfälligkeit**. Zu beachten sind im konventionellen Anbau eine frühzeitige Bekämpfung der Rhynchosporium-Blattfleckenkrankheit und, bei anfälligen Sorten, des Braunrostes. Durch Anbau von Sorten mit guter

Pollenschüttung und bei dichten Beständen ohne Zwiewuchs kann Mutterkorn weitgehend vermieden werden. Ein Befall mit Ährenfusariosen führt zu deutlich geringeren Schäden und Mykotoxingehalten im Erntegut als bei Weizen.
Roggen hat sehr vielfältige **Verwendungs- und Absatzmöglichkeiten**. Die Körner dienen zum Backen, können aber bis zu einem gewissen Anteil auch als betriebseigenes Futter eingesetzt werden oder der Bioethanolherstellung dienen. Grünroggen oder Ganzpflanzensilage kann als günstiges Substrat der Biogaserzeugung zugeführt werden. Roggen ist also eine sehr erfolgreiche Alternative im Getreideanbau.

6. Weiterführende Literatur

AGES (2012). Österreichische Beschreibende Sortenliste 2012. Internet: http://www.baes.gv.at/pflanzensorten/oesterreichische-sortenliste/

AMA, AgrarMarkt Austria (2012). Ackerbauflächen je Bundesland-Ernte 2012 (inkl. Bioflächen), Internet: http://www.ama.at/Portal.Node/ama/public?gentics.rm=PCP&gentics.pm=gti_full&p.contentid=10008.101830&260_Anbauflaechen_Aktuelles_2012.pdf

BÖLW (2012). Bund Ökologische Lebensmittelwirtschaft. Internet: http://www.boelw.de/

BSL, Beschreibende Sortenliste (2012). Beschreibende Sortenliste für Getreide, Mais, Ölfrüchte, Leguminosen und Hackfrüchte. Bundessortenamt, Hannover. Download: http://www.bundessortenamt.de/internet30/index.php?id=164

DESTATIS (2012). Land- und Forstwirtschaft. Internet: https://www.destatis.de/DE/Publikationen/Thematisch/LandForstwirtschaft/ThemaLandForstwirtschaft.html

DLG-Futterwerttabellen Rind, Schwein. 2011. DLG-Verlag Frankfurt/M.

FAOSTAT (2012). Production. Crops. Internet: http://faostat.fao.org/site/567/default.aspx#ancor

Geiger, H. H. and T. Miedaner. 2009. Rye Breeding, pp. 157–181. In: M. J. Carena (ed.): Cereals (Handbook of Plant Breeding), Springer, 1st edition, ISBN 0387722947.

Gnauer, H. 2011. So bringen Sie den Roggen gut durchs Jahr. Aus: Roggen – eine Nische mit Potenzial. Die Landwirtschaft 8/2011: 8–11.

Honermeier, B. 2000. Winterroggen und Triticale. In: Lütke Entrup, N., Oehmichen, J. (Hrsg.). Lehrbuch des Pflanzenbaues, Band 2: Kulturpflanzen. S. 362–385.

Kamphues, J., Coenen, M., Kienzle, E., Pallauf, J. u. a. 2004. Supplemente zu Vorlesungen und Übungen in der Tierernährung. 10th ed. Alfeld (Leine): Verlag M. & H: Schaper GmbH & Co KG.

Lehrke, U. 2007. Wirtschaftlichkeit des Roggenanbaus in Niedersachsen. In: Roggenforum e.V. (Hrsg.). Roggen – Getreide mit Zukunft. DLG-Verlag, Frankfurt/M., S. 24–26.

LfL (2012). Bayerische Landesanstalt für Landwirtschaft. Agrarökonomie. Deckungsbeiträge und Kalkulationsdaten. Internet: https://www.stmelf.bayern.de/idb/default.html;jsessionid=115F5C305F98B65D54E55226FCECA9A9

LSV Niedersachsen. Berichte zum Versuchswesen. Ergebnisse der Landessortenversuche. Winterroggen & Triticale, Winterweizen. Landwirtschaftskammer Niedersachsen, Hannover.

Miedaner, T. 1997. Roggen. DLG-Verlag, Frankfurt/M., 151 Seiten.

Miedaner, T. 2010. Grundlagen der Pflanzenzüchtung. DLG-Verlag, Frankfurt/M., 261 Seiten.

Miedaner, T. 2012. Mykotoxine in Weizen und Mais. Fusarien erfolgreich vorbeugen. DLG-Verlag, Frankfurt/M., 88 Seiten.

Miedaner, T. und H. H. Geiger. 1999. Vererbung quantitativer Resistenzen gegen Pilzkrankheiten bei Roggen. Vortr. Pflanzenzüchtg. 46: 157–168.

MRI (2012). Qualität der deutschen Brotgetreideernte (Weizen und Roggen). Vorläufige Ergebnisse Mühlenmuster. Internet: http://www.mri.bund.de/fileadmin/Service/Pressemitteilungen/MRI_PM_120925.pdf

Plakolm, G., Herrmann, G. (1991). Ökologischer Landbau - Grundwissen für die Praxis. Österreichischer Agrarverlag, Wien.

Rode, J. (2009). Züchtung von Industrieroggen zur Bioethanolgewinnung. Dissertation Universität Halle/Saale.

Roggenforum e.V. (Hrsg., 2007). Roggen – Getreide mit Zukunft. DLG-Verlag, Frankfurt/M.

Uhlmann, F., Kleinhanß, W. 2002. Analysen zur Roggenmarktpolitik: Alternative Ausgestaltung oder Abschaffung der Roggenintervention? Bundesforschungsanstalt für Landwirtschaft. Institut für Marktanalyse und Agrarhandelspolitik. Bundesallee 50, 38116 Braunschweig, Internet: http://d-nb.info/1002906059/34

Völkel, G. (1999). Der Roggenqualität auf den Fersen. Bioland Heft 3, S. 25.

Westhues, M. und C. Funke. 2011. Die Verwendung von Roggen im Vergleich zu Mais als alternatives Biogassubstrat. Projektarbeit Universität Hohenheim.

WP. Wertprüfungsberichte des Bundessortenamtes, Hannover.

6.1 Nützliche Links

http://www.ryeandhealth.org/rye-and-health1/ – **Roggen und Gesundheit**

http://www.ryebelt.com/ – **Förderung von Züchtung, Anbau und Vermarktung von Roggen**

http://www.proplanta.de/ – **Pflanzenbauliche Aspekte**

http://www.essen-und-trinken.de/roggen – **Informationen und Rezepte zum Backen**

Zuchtunternehmen:

http://www.dieckmann-seeds.de/kulturen/roggen/hybridroggen/

http://www.kws-lochow.de/

http://www.saaten-union.de/index.cfm/nav/153.html

7. Stichwortverzeichnis